2018 年，我们"中国丝绸文物分析与设计素材再造关键技术研究与应用"的项目团队和浙江大学出版社合作出版了国家出版基金项目成果"中国古代丝绸设计素材图系"（以下简称"图系"），又马上投入了再编一套 10 卷本丛书的准备工作中，即国家出版基金项目和"十三五"国家重点出版物出版规划项目成果"中国历代丝绸艺术丛书"。

　　以前由我经手所著或主编的中国丝绸艺术主题的出版物有三种。最早的是一册《丝绸艺术史》，1992 年由浙江美术学院出版社出版，2005 年增订成为《中国丝绸艺术史》，由文物出版社出版。但这事实上是一本教材，用于丝绸纺织或染织美术类的教学，分门别类，细细道来，用的彩图不多，大多是线描的黑白图，适合学生对照查阅。后来是 2012 年的一部大书《中国丝绸艺术》，由中国的外文出版社和美国的耶鲁大学出版社联合出版，事实上，耶鲁大学出版社出的是英文版，外文出版社出的是中文版。中文版由我和我的老师、美国大都会艺术博物馆亚洲艺术部主任屈志仁先生担任主编，写作由国内外七八位学者合作担纲，书的内容翔实，图文并茂。但问题是实在太重，一般情况下必须平平整整地摊放在书桌上翻阅才行。第三种就是我们和浙江大学出版社合作的"图系"，共有 10 卷，此外还包括 2020 年出版的《中国丝绸设计（精选版）》，用了大量古代丝绸文物的复原图，经过我们的研究、拼合、复原、描绘等过程，呈现的是一幅幅可用于当代工艺再设计创作的图案，比较适合查阅。如今，如果我们想再编一套不一样的有关中国丝绸艺术史的出版物，我希望它是一种小手册，类似于日本出版的美术系列，有一个大的统称，却基本可以按时代分成 10 卷，每一卷都便于写，便于携，便于读。于是我们便有了这一套新形式的"中国历代丝绸艺术丛书"。

当然，这种出版物的基础还是我们的"图系"。首先，"图系"让我们组成了一支队伍，这支队伍中有来自中国丝绸博物馆、东华大学、浙江理工大学、浙江工业大学、安徽工程大学、北京服装学院、浙江纺织服装职业技术学院等的教师，他们大多是我的学生，我们一起学习，一起工作，有着比较相似的学术训练和知识基础。其次，"图系"让我们积累了大量的基础资料，特别是丝绸实物的资料。在"图系"项目中，我们收集了上万件中国古代丝绸文物的信息，但大部分只是把复原绘制的图案用于"图系"，真正的文物被隐藏在了"图系"的背后。再次，在"图系"中，我们虽然已按时代进行了梳理，但因为"图系"的工作目标是对图案进行收集整理和分类，所以我们大多是按图案的品种属性进行分卷的，如锦绣、绒毯、小件绣品、装裱锦绫、暗花，不能很好地反映丝绸艺术的时代特征和演变过程。最后，我们决定，在这一套"中国历代丝绸艺术丛书"中，我们就以时代为界线，将丛书分为 10 卷，几乎每卷都有相对明确的年代，如汉魏、隋唐、宋代、辽金、元代、明代、清代。为更好地反映中国明清时期的丝绸艺术风格，另有宫廷刺绣和民间刺绣两卷，此外还有同样承载了关于古代服饰或丝绸艺术丰富信息的图像一卷。

从内容上看，"中国历代丝绸艺术丛书"显得更为系统一些。我们勾画了中国各时期各种类丝绸艺术的发展框架，叙述了丝绸图案的艺术风格及其背后的文化内涵。我们梳理和剖析了中国丝绸文物绚丽多彩的悠久历史、深沉的文化与寓意，这些丝绸文物反映了中国古代社会的思想观念、宗教信仰、生活习俗和审美情趣，充分体现了古人的聪明才智。在表达形式上，这套丛书的文字叙述分析更为丰富细致，更为通俗易读，兼具学术性与普及性。每卷还精选了约 200 幅图片，以文物图为主，兼收纹样复原图，使此丛书与"图系"的区别更为明确一些。我们也特别加上了包含纹样信息的文物名称和出土信息等的图片注释，并在每卷书正文之后尽可能提供了图片来源，便于读者索引。此外，丛书策划伊始就确定以中文版、英文版两种形式出版，让丝绸成为中国文化和海外文化相互传递和交融的媒介。在装帧风格上，有别于"图系"那样的大开本，这套丛书以轻巧的小开本形式呈现。一卷在手，并不很大，方便携带和阅读，希望能为读者朋友带来新的阅读体验。

我们团队和浙江大学出版社的合作颇早颇多，这里我要感谢浙江大学出版社前任社长鲁东明教授。东明是计算机专家，却一直与文化遗产结缘，特别致力于丝绸之路石窟寺观壁画和丝绸文物的数字化保护。我们双方从 2016 年起就开始合作建设国家文化产业发展专项资金重大项目"中国丝绸艺术数字资源库及服务平台",希望能在系统完整地调查国内外馆藏中国丝绸文物的基础上,抢救性高保真数字化采集丝绸文物数据,以保护其蕴含的珍贵历史、文化、艺术与科技价值信息,结合丝绸文物及相关文献资料进行数字化整理研究。目前,该平台项目已初步结项,平台的内容也越来越丰富,不仅有前面提到的"图系",还有关于丝绸的博物馆展览图录、学术研究、文献史料等累累硕果,而"中国历代丝绸艺术丛书"可以说是该平台项目的一种转化形式。

中国丝绸的丰富遗产不计其数,特别是散藏在世界各地的中国丝绸,有许多尚未得到较完整的统计和保护。所以,我们团队和浙江大学出版社仍在继续合作"中国丝绸海外藏"项目,我们也在继续谋划"中国丝绸大系",正在实施国家重点研发计划项目"世界丝绸互动地图关键技术研发和示范",此丛书也是该项目的成果之一。我相信,丰富精美的丝绸是中国发明、人类共同贡献的宝贵文化遗产,不仅在讲好中国故事,更会在讲好丝路故事中展示其独特的风采,发挥其独特的作用。我也期待,"中国历代丝绸艺术丛书"能进一步梳理中国丝绸文化的内涵,继承和发扬传统文化精神,提升当代设计作品的文化创意,为从事艺术史研究、纺织品设计和艺术创作的同仁与读者提供参考资料,推动优秀传统文化的传承弘扬和振兴活化。

中国丝绸博物馆 赵 丰

2020 年 12 月 7 日

金色华章——辽金丝绸艺术的研究意义、现状和展望

第一次看到辽代丝绸是在 1984 年，当时我在浙江省博物馆参观一个关于内蒙古察右前旗豪欠营 6 号墓出土的契丹女尸的展览，我只是隔着玻璃看丝绸，看到了大量的罗的实物，并没有直接接触到它们。正式接触辽代丝绸实物应该是在 1992 年中国丝绸博物馆正式对外开放之后。当时，内蒙古巴林右旗辽庆州白塔进行了维修，塔顶天宫上发现了一大批保存完好、色彩鲜艳的辽代丝绸，大部分是盖在或挂在小佛塔上的巾帕和小幡，其种类却有锦、绫、罗、绢等，装饰工艺也有刺绣和夹缬等，图案很是精美。内蒙古巴林右旗辽庆州白塔的维修专家让我们鉴定这批文物，我们写出了鉴定报告，还去现场看了白塔。后来，我们又从巴林右旗去了阿鲁科尔沁旗，开始了对内蒙古阿鲁科尔沁旗辽耶律羽之墓出土的大量丝绸的鉴定和研究，这一研究做了两三年。这样，我就正式开启了辽金丝绸的研究之路，几乎看遍了出土过辽代丝绸

的所有墓葬，有些是部分接触，有些则是一片不漏地研究，也包括一些在境外看到的实物，还有一部分我们接受捐赠所得的文物。后来，我于1997—1998年去美国大都会艺术博物馆从事10—13世纪中国北方丝织品的研究，其实做的就只是辽代丝织品的研究。2004年，我在中国香港正式出版了《辽代丝绸》一书，算是一个阶段性的小结，但那也只是关于辽代丝绸的成果。

对辽金丝绸文物的研究持续了30年左右，我觉得意义很大，这不限于对辽金丝绸的研究，更在于对辽金丝绸前后左右甚至整个社会的丝绸历史的研究，表现在三个方面：

（1）辽金的文献史料记载总体很少，所以对出土实物的研究就十分重要。现在看来，辽金时期特别是辽代的出土文物极大地补充了中国北方地区的丝绸历史研究，特别是对丝绸生产技术、设计艺术、服装款式、使用情况等方面的研究。同时，由于同一时期宋代丝绸的出土也很少，只有湖南衡阳何家皂北宋墓等有丝绸出土，因此，辽金丝绸研究对宋代丝绸的研究也是极大的补充。

（2）从整个中国丝绸历史来看，唐代是中国丝绸发展的转折期，特别是唐代中期到晚期，许多技术和设计的转变都发生在这一时期。但有明确纪年的唐代丝绸的出土或保存主要就在初唐和盛唐，陕西扶风法门寺地宫出土的丝绸一直还没有得到足够的研究，甘肃敦煌莫高窟藏经洞发现的丝绸却没有明确的纪年。可以说，辽代特别是辽代早期的丝绸其实都可以在唐代晚期找到踪迹，所以，辽代丝绸研究是对唐代丝绸研究的极大补充。

（3）往后看，辽金丝绸研究也是对元代丝绸的极大补充。元代丝绸可以分为两个大的时间段：一是成吉思汗建国之后到忽必烈定国号为元之前的大蒙古国时期，二是忽必烈定国号为元之后。大蒙古国时期发现的丝绸并不是很多，但我们可以明显地看出，其源头都在辽金时期，特别是大量的地络类织金或妆金，属于大蒙古国时期加金织物中的东方系统，有别于来自西域的纳石失。

辽金时期丝绸的研究是随着考古的发现而发展的。没有资料，学术和学科都不可能前进。这一过程，大约经历了半个世纪的时间。

虽然辽代考古在新中国成立前就已开始了，后来甚至 1954 年也发掘了内蒙古赤峰大营子辽赠卫国王墓，但较为重要的辽代丝绸考古发现和研究开始于 20 世纪 70 年代。1974 年，辽宁省博物馆的徐秉琨对辽宁法库叶茂台辽墓进行了发掘，其中 7 号墓保存完整，王㐨先生参与了清理和保护。1981 年，内蒙古察右前旗豪欠营 6 号墓发现了大量丝绸，王丹华先生参与了丝绸的清理和保护。此外，盖山林先生对大蒙古国时期汪古部落墓葬的发掘也是对金元丝绸的一次重要调查。这可以算是辽金丝绸考古与研究的第一阶段。

第二阶段是在 20 世纪 90 年代，当时大量辽墓被盗后又被研究人员发现，国内外兴起了对辽代丝绸发掘、研究和收藏的热潮。这也是我们开始介入和参与内蒙古自治区文物考古研究所和内蒙古博物院等许多机构的相关文物保护和研究工作的时期。这些文物出自内蒙古巴林右旗辽庆州白塔、内蒙古阿鲁科尔沁旗辽耶律羽之墓、内蒙古兴安盟科右中旗代钦塔拉辽墓、内蒙古阿鲁科尔沁旗宝山辽墓等。我们还参与了黑龙江阿城金代齐国王墓的发现、大量的考古鉴定、大量的保护修复等工作。在这个阶段，我们积累了大量资料，进行了大量的基础工作。

第三阶段可以说是以中国丝绸博物馆为核心对辽代丝绸开展综合研究。通过在美国大都会艺术博物馆的学习和研究，以及在中国香港中文大学举办辽代文物展览时进行的保护和研究，我们积累了经验，并成功举办了不少展览，也最终出版了《辽代丝绸》。《辽代丝绸》是迄今为止出版的对辽代丝绸进行最系统研究的著作，可惜的是该书并没有对金代的丝绸展开更多的研究。

展望辽金丝绸和纺织品的研究前景，我相信，相关的考古发现还会出现。同时，我们还可以做更多、更细、更为系统的工作，主要包括以下几个方面：

（1）织锦是丝绸中最为珍贵的品种，从唐到辽金，再到元，是织锦变化和发展最快的时代，值得特别重视和研究，把这一时段的织锦搞清楚了，中国的织锦发展或者说是丝绸之路上的织锦发展就基本搞清楚了。此外，这一时段从中国传到日本的织锦也为数不少，有许多还藏在日本的寺庙或博物馆里，非常值得研究，这些研究将会对理解中日织锦技术和设计的关系起到很大的作用。

（2）缂丝也是丝绸中的一个重要门类，缂丝技法原本多见于毛织物等西域来源的样本，很少在丝绸上看到。但这一技法在丝绸之路上的东西交流中却十分重要，学者们一直在研究缂丝的起源为何处。最早的缂丝其实出土于新疆吐鲁番唐代墓葬中，传说中缂丝多为回纥人所精通，后来又传到其他地方；而辽代缂丝无论从缂织技艺上还是使用场合上都很有特色，有缂丝靴套、缂丝帽、缂丝袜等。还有西夏织制的缂丝唐卡和缂丝残件也都很有名，到后来才传入汉地，成为珍贵的丝绸艺术作品。

（3）织金也是十分具有从唐、辽到金元发展脉络特色的一种丝织品。唐代开始出现织金带和十分标准的织金锦或妆金锦，这类织金锦到辽代依然出现在不同场合。但从金代开始，中国的织金里开始出现地络类织金织物，这类织物进入元代后依然存在。从元代起，技法为特结类固结的纳石失渐露头角，此后占据了元代加金织物的主流。

综上所述，辽金丝绸是一个极具实践需求、发展空间、问题挑战的丝绸纺织考古研究领域，一定会有更多的学者进入其中，也会结出更多的硕果。

目录 CONTENTS

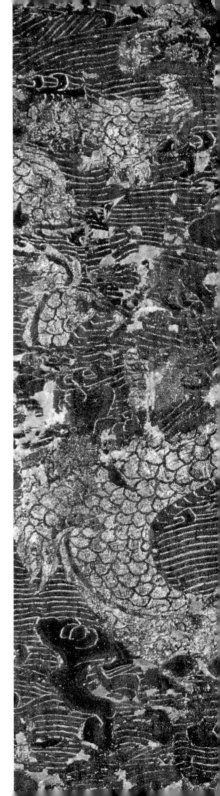

一 辽金丝绸概述

中

国

历

代

丝

绸

艺

术

（一）辽金历史和文化概述

辽和金是 10—13 世纪在中国北方存在、几乎与宋同期的两个少数民族朝代。辽是契丹族建立的，从辽太祖耶律阿保机 907 年成为契丹部落联盟首领，916 年始建年号，到 1125 年被女真族所灭，前后共 200 多年。金是女真族建立的，从金太祖完颜阿骨打 1115 年正式建国，国号"金"，1125 年灭辽，到 1234 年被南宋和蒙古夹击所灭，前后共 100 多年。

在鼎盛时期，辽拥有 5 个都城，占据今天的中国吉林、黑龙江、辽宁、河北北部、山西北部、内蒙古和蒙古国这些地方。辽代五京为：上京临潢府（今内蒙古巴林左旗）、东京辽阳府（今辽宁辽阳）、中京大定府（今内蒙古宁城）、西京大同府（今山西大同）、南京析津府（今北京）。金代的疆域最广时可以东抵今日本海；北到今俄罗斯外兴安岭南博罗达河上游一带；西北到河套地区，与西夏毗邻；南以秦岭-淮河为界与南宋相邻。金代也有五京制，除中都大兴府（今北京）外，还有上京会宁府（今黑龙江阿城）、南京开封府（今河南开封）、北京大定府（今内蒙古宁城）、东京辽阳府（今辽宁辽阳）和西京大同府（今山西大同）。

辽代 200 多年可以分为三个阶段。第一个阶段是 10 世纪的前 60 多年，从辽太祖到辽穆宗统治时期（907—969 年）。这个阶段最重要的两个人物是辽太祖和辽太宗。他们打败了所有的邻国，建立了契丹帝国。第二个阶段为 970—1055 年，这段时间出现了两位著名的帝王，即辽圣宗和辽兴宗，在他们的领导下，辽达到了政治、军事、经济和文化的顶峰。宋辽之间的和平共处，是通过具有里程碑意义的"澶渊之盟"（1005 年）达到的，它带来了将近一个世纪的和平，而且使得辽的经济文化得到迅速发展。辽代最后一个阶段（1055—1125 年）的两个皇帝是辽道宗和辽恭宗。辽的衰弱一方面是由于国家内部的矛盾，另一方面是由于 12 世纪初女真的侵入。在 1125 年，辽最终被女真所灭。

金代 100 多年也可以分为三个阶段。第一个阶段是从金太祖完颜阿骨打于 1115 年正式建国开始，到 1125 年灭辽，后来一直与南宋有战有和，直到 1164 年"隆兴和议"，金与南宋之间的关系才算基本缓和下来。第二个阶段基本上处于金世宗和金章宗的统治下，被称为"大定之治"和"明昌之治"。此后到 1234 年金灭亡为第三阶段。1206 年成吉思汗在漠北兴起之后，蒙金之间就一直发生冲突，金一次次向南撤退，一直到 1234 年被南宋军队和蒙古军队夹击所灭。

契丹和女真都是在中国北方建立统治政权的少数民族，他们一直都努力维持着传统游牧民族的生活，但也在不同地区、不同程度上采用汉制或被汉化。这种现象在许多绘画中都有体现（图1）。契丹和女真强壮的牧马、精湛的马术、镀金的马具等，都有别于汉族或在西边的党项族。捕鱼和狩猎在他们的生活中扮演着重要的角色，不仅因为这两项活动是对传统农业经济的补充，还因为其对军事训练也有很大的作用。每年春天，他们都要举行一项仪式来庆祝狩天鹅和捕鱼季节的开始，该仪式被称为"春水"；而秋季举行的仪式被称为"秋山"，每年秋天，他们会到山里去狩鹿、熊等动物。在打猎过程中经常需要猎鹰，当地最有名的猎鹰被称为"海东青"。海东青一直是女真族驯养的猎鹰，在辽代，女真人也要向辽朝统治者进贡海东青，于是在当地形成了"鹰路"。当时，各式各样的手工艺品中都有海东青的绘绣，譬如辽代刺绣上的鹰逐天鹅、鹰逐奔鹿、带鹰猎人图案，以及金代著名的春水玉，雕刻的正是鹰捕鹅的题材。

然而，在维持自己传统文化的同时，契丹人也吸收了许多汉文化。辽国一建立，辽太祖就在皇太子耶律倍的建议下建造了孔庙。辽国的许多皇帝和皇子，像辽圣宗、辽兴宗，尤其是辽义宗耶律倍，能用汉字写诗作画。内蒙古阿鲁科尔沁旗宝山辽墓壁画《颂经图》（图2）和辽宁法库叶茂台辽墓出土的印有竹子和香蕉树的绢画，都很好地说明了汉文化对契丹文化的影响。在保持旧习俗和采纳新文化之间，辽采取了平衡的政策。朝廷有两班大臣：一班契丹人，一班汉人。契丹大臣处理国家、宫廷和部落的相关事宜，汉人大臣则处理府县、纳税和军事的相关事宜。当时还有一套对称的法律系统以及两套官服，辽国皇帝甚至在不同的场合穿不同的服装。

▲图1　胡瑰《出猎图》（局部）

五代

▲ 图 2　壁画《颂经图》（局部）
辽代，内蒙古阿鲁科尔沁旗宝山辽墓出土

　　金代的情况和辽代相似。金熙宗完颜亶自幼受汉文化熏陶，登基后就推动汉制改革，并且重用汉人，次年建立起以尚书省为中心的三省制。金世宗完颜雍本身十分朴素，采取中庸稳固的方式管理朝政，提倡儒学。他为了维持统治，甚至还利用科举、学校等制度，争取汉族贵族的支持。到了金章宗完颜璟时，政治汉化甚深，文化十分发达，金章宗本人也能写得一手好字，其瘦金体可以与宋徽宗媲美。

　　北方少数民族还有一个特点，就是对汉地所产丝绸织绣品喜好空前。最先建国的辽国统治者，直接从北宋索取丝绸。石敬瑭在辽太宗的协助下于936年登基为后晋的皇帝时，他割让了16个州给辽国，同时每年给辽国提供30万匹丝绸。到1005年宋辽战争结束后，宋帝同意每年向辽支付10万两银子和20万匹丝绸。后来辽道宗期间又增加了10万匹丝绸。与此同时，为了满足对高档丝绸的需要，契丹人在战争中俘获了许多织工，让他们在契丹区域内生产丝绸。《契丹国志》中记载，917年，卢文进"岁岁以轻骑出入塞上，攻掠剽夺，无有宁岁，幽、瀛、涿、莫间常被其患"[1]。织工不仅自己织造，而且也教契丹人织造。契丹人为来自中原的汉人建了安居的城市，也为织工建了作坊。如在辽上京（今内蒙古巴林左旗），"所谓西楼也。西楼有邑屋市肆，交易无钱而用布。有绫、锦诸工作，宦者、翰林、伎术、教坊、角抵、秀才、僧尼、道士等，皆中国人，而并、汾、幽、蓟之人尤多"[2]。另一个有着大量织工的县是弘政县（今辽宁义县），辽世宗时"以定州俘户置"[3]，由于定州（今河北定州）以其丝织和定窑而著名，因此可以相信，其中有一大部分是熟悉丝织生产的工匠。事实上，除汉人之外，还有渤海人和回纥人等。例如祖州（今内蒙古巴林左旗、巴林右旗），"东为州廨及诸官廨舍、绫锦院，班院祗候蕃、汉、渤海三百人，供给内府取索"[4]。

---

①　叶隆礼.契丹国志.贾敬颜，林荣贵，点校.上海：上海古籍出版社，1985：173.
②　叶隆礼.契丹国志.贾敬颜，林荣贵，点校.上海：上海古籍出版社，1985：238-240.
③　脱脱，等.辽史.北京：中华书局，1974：487.
④　脱脱，等.辽史.北京：中华书局，1974：442.

女真人对于丝绸的渴求，比契丹人更甚。当时金在黄河流域的统治范围比辽更大，其直接的丝绸生产也应该有所保留。金代纺织业的发展有着良好的基础，女真人在建国之前，已能织布。此外，金统治者还鼓励各地发展桑蚕业，"凡桑枣，民户以多植为勤，少者必植其地十之三，猛安谋克户少者必课种其地十之一，除枯补新，使之不阙"[①]。金章宗明昌元年（1190年）再次下令，民户"如有不栽及栽之不及十之三者，并以事怠慢轻重罪科之"[②]。对桑蚕业的大力提倡，为金代纺织业的发展提供了大量的原料。史载金中都路的涿州贡罗，平州贡绫；山东西路的东平府产丝、绵、绫、锦、绢，大名府路的大名府贡绸縠、绢。同时，金代还大量通过宋金议和拿到来自南宋的贡绢。宋绍兴十一年（1141年）宋金议和，盟约规定南宋岁贡银、绢各25万两、匹，于每年春季，搬送至泗州（今江苏盱眙）交纳。到宋隆兴二年（1164年）宋金又议和，双方约定宋岁币银、绢各减5万两、匹，并不称岁贡。但到宋嘉定元年（1208年）宋金最后一次和议时，宋更增岁币为银、绢30万两、匹。这一年就是戊辰年，当时诗人刘克庄写了一首《戊辰即事》：诗人安得有青衫，今岁和戎百万缣。从此西湖休插柳，剩栽桑树养吴蚕。

---

① 脱脱，等. 金史. 北京：中华书局，1975：1043.
② 脱脱，等. 金史. 北京：中华书局，1975：1050.

（二）辽代丝绸的考古发现

为了更好地进行辽代丝绸和服装的研究，我们不仅需要历史文献资料，更依赖于考古发现的丝绸和服装。在我的研究中，我更注重后者。过去，由于保存状况不佳及存在技术问题，人们对出土的辽代丝绸不够关注。此外，出土材料的不足也限制了我们进行详细的研究。现在，情况已有所改观，许多重要的墓葬被发掘，出土了丰富的丝绸文物，这些墓基本上都位于内蒙古。1991—1998 年，我曾七赴内蒙古去分析研究这些丝织品，而最近一次的辽代丝织品研究之行是在 2003 年 11 月，目的地是山西应县佛宫寺木塔（又名释迦塔）。据我所知，有一些辽墓或塔对研究辽代丝绸极具价值。它们大多数分布在内蒙古东部，另有几个分散在辽宁、山西和北京。以下简单介绍一下这些墓或塔中的辽代丝织品情况。

1. 内蒙古赤峰大营子辽赠卫国王墓，墓葬时间为 959 年

1954 年，内蒙古赤峰大营子发掘了 3 个墓，其中以 1 号墓较为著名。墓中有两个墓穴，其中一个根据墓志铭推断属于辽代第一个皇帝耶律阿保机的女婿萧屈律，他曾被封为"赠卫国王"，葬于 959 年，据说陪葬品共有 27 个包裹。墓中发现了数量可观的辽代器物，总共有 2162 件之多。其中有许多丝织品，如床帷、被褥和服装，但均保存不佳。据考古报告，床帷用了许多种制造方法，如织造、刺绣和画绘，而且设计了龙、凤、云、鸟和莲等

纹样。[①] 出土后它们被收藏在内蒙古博物院。1992年我和薛雁对其中的一些样本做了分析，种类包括缎纹纬锦、斜纹纬锦、平纹纬锦、复杂纱罗、平纹纱罗、钉金绣和缂丝等。[②]

2. 内蒙古赤峰喀喇沁旗上烧锅4号墓，墓葬时间为辽代早期

1964年，在内蒙古赤峰喀喇沁旗上烧锅一共发掘了5座墓，其中4号墓是个双穴墓，里面有许多丝织品。可惜的是，考古报告并不包括关于丝织品的详细描述。[③] 根据考古专家的报告，4号墓不晚于辽穆宗时期（951—969年）。我于1998年去赤峰博物馆参观时，在展览的只有一顶出土于该墓的纱罗帽子。

3. 内蒙古翁牛特旗解放营子辽墓，墓葬时间为辽代晚期

内蒙古翁牛特旗解放营子辽墓于1970年夏被发掘，发掘者项春松将其定为辽代晚期（1055年以后）。陪葬品有陶瓷、木器、青铜器、银器和纺织品等。墓葬中发现了较为大量的丝绸，但是考古报告中只有非常简单的描述。丝织品的种类有纱罗、复杂织物、画绘丝绸、刺绣和缂丝等。它们保存得比较好，有些色彩还很艳丽，现藏于赤峰博物馆。1992年和1998年我对这组丝织品的一些样品做了相关分析。

① 前热河省博物馆筹备组. 赤峰县大营子辽墓发掘报告. 考古学报,1956(3):1-26.
② 赵丰, 薛雁. 辽驸马赠卫国王墓出土丝织品鉴定报告. 杭州: 中国丝绸博物馆鉴定报告第Ⅲ号, 1992.
③ 项春松. 上烧锅辽墓群. 内蒙古文物考古, 1982（2）: 56-64.

4. 辽宁法库叶茂台辽墓，墓葬时间为辽代早期至中期

1974 年 4 月，由徐秉琨带领的辽宁省博物馆的一支考古队对辽宁法库叶茂台辽墓做了调查。7 号墓保存完整，死者大概是辽代早期至中期（约 959—约 986 年）的老年妇女，穿有 10 多件衣物，包括长袍、短衫、裙子和裤子。此外，还有一个头饰、一副刺绣的手套和一双缂丝的靴子。盖在她身上的是一件罕见的山龙纹缂金（图 3），该缂金曾在中国香港、日本、美国等许多地方展出过，非常有名。据说王序和王亚蓉对这些纺织品做了分析研究，但是除了一些考古报告，并没有正式的丝织品报告发表。在已有的简单介绍中，提到了纱、复绞罗、绮、锦和缂丝等，总共超过 90 个种类。[①]我于 1992 年和 1998 年两次赴辽宁省博物馆，在徐秉琨的陪同下，考察了其中一些纺织品。

5. 内蒙古克什克腾旗二八地 1 号墓和 2 号墓，墓葬时间为辽代早期

内蒙古克什克腾旗二八地 1 号墓和 2 号墓发现较早，1 号墓发现于 1966 年，相距大约只有 5 米的 2 号墓发现于 1973 年，这两个墓均由项春松在 1975 年发掘。其中，只有 1 号墓中发现了一些纱罗碎片和一个银壶，银壶上面刻有铭文"大郎君"，可能是墓主人的名字。[②]

---

① 辽宁省博物馆.宋元明清缂丝.北京：人民美术出版社，1982.
② 项春松.克什克腾旗二八地一、二号辽墓.内蒙古文物考古，1984（3）：80-90.

▶图3　山龙纹缂金（局部）
辽代，辽宁法库叶茂台辽墓出土

6. 山西应县佛宫寺木塔，建造时间为 1056 年

山西应县佛宫寺木塔（图 4）是中国古代非常有名的一件艺术纪念物。它建成于 1056 年，距今已近千年。在 1976 年的修复过程中，祁英涛带领的维修工程队发现了一些画绘的佛经和 3 幅用夹缬方法染成的"南无释迦牟尼佛"夹缬绢（图 5）。这是迄今为止发现的唯一一件明确用 3 套色夹缬加画绘而成的辽代夹缬丝织品。①

▲ 图 4　山西应县佛宫寺木塔

① 国家文物局文物保护科学技术研究所，山西省古代建筑保护研究所，山西省雁北地区文物工作站，等 . 山西应县佛宫寺木塔内发现辽代珍贵文物 . 文物，1982（6）：1-8.

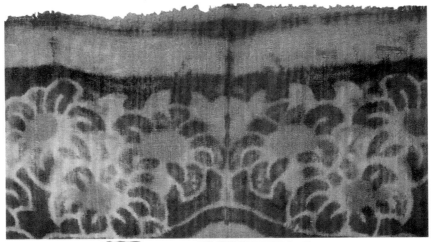

图5 "南无释迦牟尼佛"夹缬绢
辽代,山西应县佛宫寺木塔出土

a 局部
b 局部
c 整体

7. 北京门头沟斋堂辽壁画墓，墓葬时间可能为 1111 年

北京门头沟斋堂辽壁画墓距北京城区大约 90 千米，在古代就被盗过。因此，1979 年北京市文物局组织的考古队只发现了很少的一些物品：1 副彩绘棺、3 件陶器和一些丝绸残片，最有价值的是 1 幅壁画。考古报告中有关丝绸的介绍非常粗略，只提到了两种残片：一种花卉蝴蝶纹的褐色锦（应该是一种辽式纬锦），还有一种黄色锦。该墓属于辽代晚期，"在墓顶附近的地堰上，发现辽天庆元年（1111 年）所刻《陀罗尼破地狱真言》和《佛顶心真言》的墓幢一座"[1]，推测原属该墓，因此墓葬时间可能是在 1111 年[2]。

8. 内蒙古察右前旗豪欠营 6 号墓，墓葬时间为辽代晚期

不同于大部分在内蒙古东部找到的墓，该墓坐落于内蒙古中部的山上，是一系列墓中的 6 号墓。发掘工作在 1981 年展开，在里面发现了一具完整的契丹女尸（图 6），她身上包着铜丝网络，同时也发现了许多丝绸服装。[3] 经过粗略的分析和保护工作，乌兰察布文物工作站将其在全国范围内进行了多年的巡回展览。

---

[1] 北京市文物事业管理局，门头沟区文化办公室发掘小组. 北京市斋堂辽壁画墓发掘简报. 文物，1980（7）：24-25.
[2] 北京市文物事业管理局，门头沟区文化办公室发掘小组. 北京市斋堂辽壁画墓发掘简报. 文物，1980（7）：23-27.
[3] 乌兰察布盟文物工作站. 察右前旗豪欠营第六号辽墓清理简报. 乌兰察布文物，1982（2）：1-8.

▲图6 契丹女尸
辽代，内蒙古察右前旗豪欠营6号墓出土

1984 年展品来到杭州，我在浙江省博物馆分析过其中一部分。相比其他墓，该墓丝织品种类较少，其中大部分是复杂绞罗和一些平纹纱罗，没有锦。根据出土的文物，可以推断这个墓属于辽代晚期。

9. 内蒙古科左中旗小努日木辽墓，墓葬时间为辽代中期

内蒙古科左中旗小努日木辽墓于 1982 年 8 月由哲里木盟博物馆发掘，根据墓葬结构和出土器物，可以推断它属于辽代中期。墓主人是一对契丹贵族夫妇。他们的大量陪葬品中，包括鎏金青铜头饰、玉腰带、铜镜和丝绸服装。1991 年，我对部分织物做了分析研究。第二年，我又去了哲里木盟博物馆，并对所有出土的丝织品进行了考察，鉴定报告由薛雁完成。丝绸的种类非常丰富，从平纹织物到绉，从单色到多色，从缂丝到刺绣，总共有 20 多种。尽管它们并不完整，但色彩保持得很好。[1]

10. 内蒙古巴林右旗辽庆州白塔，建成时间为 1049 年

内蒙古巴林右旗辽庆州白塔出土的丝织品是现有辽墓出土织物中保存得最好的一批。1988 年内蒙古巴林右旗辽庆州白塔维修之际，考古人员在塔顶天宫中发现了这批丝织品。这批丝织品总共 276 件，颜色鲜艳，但尺寸都很小。根据用途可以分为小型佛

---

[1] 薛雁. 内蒙古哲里木盟小努日木辽墓出土丝织品鉴定报告. 杭州：中国丝绸博物馆鉴定报告第Ⅳ号，1993.

幡、方形丝帕和包装用的绣品。方形丝帕边长大概为 28—30 厘米，用来包裹小型的木塔。每个木塔上都缠有一块小小的佛幡。因此，109 个宝塔模型就有 218 件织物。其余的绣品可能用于包装佛经。[①] 这些织物包括斜纹地显花绫、锦、复杂纱罗、夹缬和刺绣等。1992 年，我在分析完这些出自内蒙古巴林右旗辽庆州白塔的织物的标本又赴巴林右旗博物馆考察后，和张敬华共同完成了有关的鉴定报告。[②]

11. 内蒙古巴林左旗林东司马记墓，墓葬时间为 1076 年

1990 年 5 月，内蒙古巴林左旗林东镇附近的 3 座辽墓被盗，其中 1 座是司马记墓。辽上京博物馆的考古人员进入墓地时只看到了一个木制的骨灰盒、一张木制的桌子和一些丝绸碎片。所幸，木制盒子上有死者儿子书写的文字，记载了司马记葬于 1076 年 3 月 18 日。因此，这个墓应该是 1076 年的。墓中只发现了 3 块丝绸残片，但都是颜色鲜艳的辽式纬锦。我于 1992 年参观辽上京博物馆时看到了这些织物，最后的鉴定报告由薛雁完成。[③]

①　德新，张汉君，韩仁信. 内蒙古巴林右旗庆州白塔发现辽代佛教文物. 文物，1994（12）：4-33.
②　（a）赵丰，张敬华. 辽庆州白塔发现丝绸文物鉴定报告. 杭州：中国丝绸博物馆鉴定报告第 II 号，1992.（b）赵丰. 辽庆州白塔所出丝绸的织染绣技艺. 文物，2000（4）：70-81.
③　薛雁. 内蒙古巴林左旗三辽墓出土丝织品鉴定报告. 杭州：中国丝绸博物馆鉴定报告第 V 号，1994.

12. 内蒙古巴林左旗林东丰水砖厂辽墓，墓葬时间为辽代晚期

几乎在发现内蒙古巴林左旗林东司马记墓的同时，另一个靠近丰水砖厂西门的辽墓于 1990 年 5 月 24 日被盗，辽上京博物馆的考古人员随即清理了这个墓。在墓中找到了一些丝绸和马皮残片。丝绸的种类很丰富，有绢、绫、绮、复杂纱罗和刺绣等。我们也对它们进行了分析，分析结果收入了薛雁的鉴定报告。[①]

13. 内蒙古巴林左旗林东北山和尚庙辽墓，墓葬时间为辽代晚期

该墓位于巴林左旗林东北山，里面葬有大开龙寺的和尚。其中有一个墓于 1990 年 6 月被发掘并因出土真容木偶而闻名。和木偶一起发现的还有多种丝绸，如纱罗、织锦和一些画绘丝绸。有趣的是，在这个墓中还发现了双层织物。木偶骨灰和一些丝绸均在辽上京博物馆中展出。丝织品包括双层织物的分析和描述均可见于鉴定报告。[②]

14. 内蒙古巴林右旗友爱辽墓，墓葬时间为辽代早期至中期

在巴林右旗博物馆的苗润华发掘该墓前，该墓已于 1992 年

---

① 薛雁. 内蒙古巴林左旗三辽墓出土丝织品鉴定报告. 杭州: 中国丝绸博物馆鉴定报告第 V 号, 1994.
② 薛雁. 内蒙古巴林左旗三辽墓出土丝织品鉴定报告. 杭州: 中国丝绸博物馆鉴定报告第 V 号, 1994.

1 月被盗。除了两大块彩绘木板外，墓中还发现了一些丝绸的残片，包括绢、绮、纱、锦、罗等。^① 有关这一发现的鉴定报告由薛雁完成。^②

15. 内蒙古兴安盟科右中旗代钦塔拉辽墓，墓葬时间为辽代早期

内蒙古兴安盟科右中旗代钦塔拉辽墓于 1992 年被清理。1994 年，我在内蒙古博物院考察了这批丝绸服饰，并于 1999 年对它们进行了详细的分析。相较于内蒙古阿鲁科尔沁旗辽耶律羽之墓出土的丝织品，这批保存得更好。该墓出土的部分服装所用织物和内蒙古阿鲁科尔沁旗辽耶律羽之墓出土的完全一样，因此可以推断该墓属于辽代早期，而且死者身份也应和耶律羽之相近。

16. 内蒙古阿鲁科尔沁旗辽耶律羽之墓，墓葬时间为 942 年

迄今为止，内蒙古阿鲁科尔沁旗辽耶律羽之墓（图 7）中出土的丝绸织物是所有考古发现的辽代纺织品中最有研究价值的。耶律羽之生于 890 年，是辽国建立者耶律阿保机的直系亲属，由于他的能力他成了东丹国的"右次相"。他死于 941 年，葬于 942 年。他的妻子在祭日过后 18 天也因悲伤和劳累过度而去世，两个月

---

① 巴林右旗博物馆．内蒙古巴林右旗友爱辽墓．文物，1996（11）：29-34.
② 薛雁．巴林右旗都希苏木友爱辽代壁画墓出土丝织品鉴定报告．杭州：中国丝绸博物馆鉴定报告第Ⅵ号，1994.

后同墓而眠。1992年6月该墓被盗，并被严重损坏和扰乱。但所幸还有一些珍贵的金银器物在被盗后重见天日，并且有大量的保存不佳的丝织品被遗弃在墓中。齐晓光率领的一个由内蒙古自治区文物考古研究所、赤峰博物馆和阿鲁科尔沁旗文物管理所组成的考古队，对该墓重新进行了仔细的清理，并且带回了每一块丝绸残片。我分析了每块丝绸残片，并且完成了一份详细的鉴定报告。墓葬的简报已经发表①，此外，墓葬的正式发

▲图7　内蒙古阿鲁科尔沁旗辽耶律羽之墓墓门

---

① 内蒙古自治区文物考古研究所，赤峰博物馆，阿鲁科尔沁旗文物管理所．辽耶律羽之墓发掘简报．文物，1996（1）：4-31.

掘报告也已经面世。墓中总共发现了 600 多件丝绸残片，包括近100 个种类，有单色提花平纹地显花的绮、斜纹地显花的绫、复杂绞罗、绉、斜纹纬锦和缎纹纬锦以及各种加金织物等。另外，在墓中也找到了许多印绘和刺绣织物。它们有准确的断代信息、丰富的技术种类和精美的纹样设计，因此这些织物对于研究辽代纺织品的重要性也就凸显了出来。[1]

17. 内蒙古阿鲁科尔沁旗宝山 1 号墓和 2 号墓，墓葬时间为辽代早期

1994 年 9 月，相连的内蒙古阿鲁科尔沁旗宝山 1 号墓和 2 号墓在宝山的南坡被发现。在发掘前，这两个墓已几乎被盗空。所幸，在 1 号墓中还存有大量颜色鲜艳的壁画，2 号墓中有 10 多种丝绸残存。从 1 号墓壁画上的题记可知墓主人是"大少君"（长王子），年代是辽国建立后的第 16 年。2 号墓基本也属于辽代早期。

我对 2 号墓出土的所有丝绸做了分析研究，并在 1997 年完成了鉴定报告。出土丝绸中包括平纹织物、纱罗、斜纹地显花纬锦等，尽管保存并不好，但仍可看清。[2] 此外，1 号墓壁画上的人物穿的各种服装，对于研究辽代的纺织品也很重要（见图 2）。

---

[1] 赵丰.辽耶律羽之墓出土丝织品鉴定报告.杭州:中国丝绸博物馆鉴定报告第XI号，1996.
[2] 赵丰.内蒙古宝山辽初壁画墓出土丝绸鉴定报告.杭州:中国丝绸博物馆鉴定报告第XII号，1997.

18. 内蒙古阿鲁科尔沁旗小井子辽墓，墓葬时间可能为辽代早期

对于内蒙古阿鲁科尔沁旗小井子辽墓，我们几乎一无所知。我曾经赴阿鲁科尔沁旗博物馆对该墓出土丝绸做了大概的分析。相比其他从阿鲁科尔沁旗出土的辽代丝绸，这些出土丝绸保存得比较好，虽然数量不大但有些很重要。有关这些丝绸的技术报告尚未完成。

19. 内蒙古巴林右旗馒头沟辽墓，墓葬时间可能为辽代早期

1998 年，位于内蒙古巴林右旗馒头沟的一座辽墓在被盗后 20 天由巴林右旗博物馆考古人员清理了所遗存的所有实物，包括墓外找到的经历风吹雨打的丝绸碎片。他们带回了其中一些，但没有一块是完整的。我在 1998 年考察了所有的残片，包括织锦、刺绣和其他种类。有些和内蒙古阿鲁科尔沁旗辽耶律羽之墓出土的织物很相似，由此推断该墓可能也属于辽代早期。

20. 内蒙古科尔沁左翼后旗吐尔基山辽墓，墓葬时间为辽代早期

2003 年 4 月，内蒙古科尔沁左翼后旗吐尔基山采石矿的工人们在用推土机挖坑道时发现了这个墓葬，然后由内蒙古自治区文物考古研究所进行发掘。该墓为石室墓，由墓道、墓门、甬道、墓室及左右耳室组成。墓道为长斜坡墓道，长 48 米，两壁石墙残高约 10 米。墓葬中出土了大量的铜器、银器、金器、漆器、木器、

马具、玻璃器和丝织品。墓中的丝绸服饰总体保存非常完好，中国丝绸博物馆的团队随后参加了对其中的丝绸服饰的鉴定工作，包括第七层对凤纹丝绸服饰（图8）。从墓葬形制、出土器物看，墓葬风格接近于唐代晚期和辽代早期的风格，应为辽代早期契丹贵族的墓葬。①

▲ 图8　第七层对凤纹丝绸服饰
辽代，内蒙古科尔沁左翼后旗吐尔基山辽墓出土

---

① 内蒙古自治区文物考古研究所. 内蒙古通辽市吐尔基山辽代墓葬. 考古，2004（7）：50-53.

　　根据出土资料的年代，我们可以把辽代织物分成三个阶段：早、中、晚。早期从 907 年契丹国建立到 10 世纪 70 年代著名的萧太后统治这个国家之前。内蒙古阿鲁科尔沁旗宝山 1 号墓和 2 号墓、内蒙古阿鲁科尔沁旗辽耶律羽之墓（942 年）和内蒙古赤峰大营子辽赠卫国王墓（959 年）、内蒙古赤峰喀喇沁旗上烧锅 4 号墓、内蒙古克什克腾旗二八地 1 号墓和 2 号墓属于这个时期，还有从内蒙古兴安盟科右中旗代钦塔拉辽墓、内蒙古阿鲁科尔沁旗小井子辽墓、内蒙古巴林右旗馒头沟辽墓、内蒙古科尔沁左翼后旗吐尔基山辽墓出土的文物也可以归到这个时期。中期是从 10 世纪 70 年代到 11 世纪 50 年代，这个时期主要是辽圣宗和辽兴宗统治时期。从内蒙古巴林右旗辽庆州白塔（1049 年）出土了这一时期的辽代丝绸，具有特别的历史意义。那些从内蒙古科左中旗小努日木辽墓出土的文物也可以归到中期。另有辽宁法库叶茂台辽墓和内蒙古巴林右旗友爱辽墓出土织物可归入早期至中期。属于晚期的纺织品包括从内蒙古巴林左旗林东司马记墓（1076 年）、北京门头沟斋堂辽壁画墓（可能为 1111 年）、山西应县佛宫寺木塔（1056 年）、内蒙古翁牛特旗解放营子辽墓、内蒙古巴林左旗林东丰水砖厂辽墓、内蒙古巴林左旗林东北山和尚庙辽墓、内蒙古察右前旗豪欠营 6 号墓出土的织物。

（三）金代丝绸的考古发现

目前所知的金代丝织品只有两处出土的：一是山西大同金代阎德源墓出土的道教冠服，二是黑龙江阿城金代齐国王墓出土的大量金代贵族所用的纺织服饰。

1. 山西大同金代阎德源墓，墓葬时间为 1189 年

山西大同金代阎德源墓位于大同城西约 1 千米处，大同市博物馆于 1973 年 10 月发掘该墓。

阎德源（1094—1189 年），字深甫，号青霞子，汴梁（今河南开封）人。北宋宣和年间，师事受宋徽宗宠幸的张侍晨，为职箓道士，命授金坛郎。入金，阎德源寓于西京大同，"兴创土木，度集徒众，琳宫壮丽，计日而成，清高之行，喧传宇内"[1]，玉虚观当由阎德源参与营建。其间，"贵戚公侯、大夫士庶敬之如神"[2]，金廷也"累赐师号，为羽流之宗"[3]，阎德源墓中出有"玉虚丈室老师"[4]牛角印一方，正是其身份地位的反映。据北京白云观所立的《中都十方大天长观重修碑》，金大定十四年（1174年），"召西京路传戒坛主清虚大师阎德源住持，敕授提点观事"，可知阎德源亦曾主持白云观。阎德源墓中另出有"天长方丈老人"[5]牛角印一方，"天长"即中都天长观，亦即白云观，正可验证《中

① 大同市博物馆 . 大同金代阎德源墓发掘简报 . 文物，1978（4）：6.
② 大同市博物馆 . 大同金代阎德源墓发掘简报 . 文物，1978（4）：6.
③ 大同市博物馆 . 大同金代阎德源墓发掘简报 . 文物，1978（4）：6.
④ 大同市博物馆 . 大同金代阎德源墓发掘简报 . 文物，1978（4）：4.
⑤ 大同市博物馆 . 大同金代阎德源墓发掘简报 . 文物，1978（4）：4.

都十方大天长观重修碑》中的记载。阎德源为道教在大同的传播起到了十分重要的作用，阎德源的墓志就说"太上之教，丕阐于朔方者，先生之力也"[①]。阎德源于金大定二十九年（1189 年）年底羽化，享年 95 岁。

当时的发掘报告记载，墓葬的棺木内有男性老年尸骨 1 具，头西脚东，仰面直肢；束发，头枕汉白玉石枕，面覆罗纱 1 块，上面画有道符；身穿黄罗交领宽袖大道袍，外包鹤氅（图 9），腰系丝带，里面穿着丝织棉、夹、单衣 10 余件，脚穿布袜和丝绣凤纹云头海桃口鞋。尸体上盖棉被，下置棉褥，褥下铺凉席，凉席下有镂空木架 1 件。出土物中以木质明器为主，同时还有丝织品 24 件，其中包括：合领直襟宽袖大道袍，边饰刺绣云鹤纹；鹤氅 1 件，共绣鹤 106 只；黄罗交领宽袖大道袍 1 件，袖口与袍边亦绣云鹤纹；福禄纹夹衬垫 1 件，以刺绣鹿纹为主题；还有围裙、腰带、云头海桃口鞋、尖头棉鞋等，此外还有 1 顶绒道冠，保存不佳。这 24 件衣冠不仅是金代服装的重要实例，还是罕见的道教服装实例。[②] 这批织物于 2018 年由中国丝绸博物馆修复，其中有部分经修复后已在馆内展出。

---

① 大同市博物馆. 大同金代阎德源墓发掘简报. 文物，1978（4）：6.
② 大同市博物馆. 大同金代阎德源墓发掘简报. 文物，1978（4）：1-10.

▲ 图 9　鹤氅（局部）
金代，山西大同金代阎德源墓出土

2. 黑龙江阿城金代齐国王墓，墓葬时间为 1162 年

1988 年，黑龙江省文物考古研究所发掘了位于黑龙江阿城巨源乡城子村的金代齐国王墓。墓主人据研究可能是完颜晏，金太宗时曾任吏、礼两部尚书，海陵王时封王，一直到齐王，金大定二年（1162 年）去世。墓中出土遗物达百余件，其中男女服饰计30 余件，种类计有袍、衫、裙、裤、冠、鞋、袜等，所用的丝织品种类也比较齐全，计有绢、绫、罗、绸、纱、锦等，纺织技术较高，大量使用织金技法，也有印金、描金等。织物图案也丰富多彩，有夔龙（图 10）、鸾凤、飞鸟、云鹤、如意云、团花、忍冬、梅花、菊花等。[①] 黑龙江阿城金代齐国王墓出土的丝织服饰引起了学者们的极大兴趣。纺织品中最为突出的是加金织物，包括织金绢、织金绫等，郝思德、李砚铁、刘晓东等对其进行了专门的研究。他们将织金锦按地组织分成平纹地织金锦、斜纹地织金锦、绞经地织金锦 3 种，织金大多采用片金，除通梭织之外，还采用了挖梭工艺。[②] 赵评春、迟本毅在该墓发掘之后进行了出土服饰的研究，在其著作中发表了关于墓中出土的全部服饰的资料，并对各种服饰做了详细的考证，而其中不少考证，如对吊敦、兜跟、六合靴、花珠冠的考证，都有他们的创见。同时，他们还对女真族早期服饰与龙纹服饰的年代做了考证。[③]

[①] 黑龙江省文物考古研究所. 黑龙江阿城巨源金代齐国王墓发掘简报. 文物，1989（10）：1-10，45，97-102.

[②] 郝思德，李砚铁，刘晓东. 黑龙江省阿城金代齐国王墓出土织金锦的初步研究. 北方文物，1997（4）：32-42.

[③] 赵评春，迟本毅. 金代服饰——金齐国王墓出土服饰研究. 北京：文物出版社，1998.

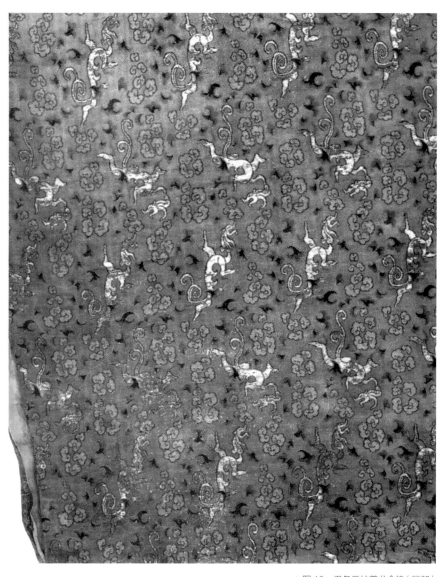

▲ 图 10　忍冬云纹夔龙金锦（局部）
金代，黑龙江阿城金代齐国王墓出土

　　文献史料上关于辽金丝织品的记载总体比较少，因此，这里我们主要基于考古发现的实物来介绍。有趣的是，几乎所有出土的辽金时期的纺织品中基本无棉无毛亦无麻，只有丝绸，我们就从丝绸的分类出发进行论述，包括织造、印染和刺绣。

（一）织　锦

　　织锦主要是指彩色丝线利用重组织织成显示图案的多彩织物。它们可以以组织结构为基础进行分类，当时的织锦，主要都是辽式纬锦，还可以细分为辽式斜纹纬锦和缎纹纬锦，此外还有一种双层锦。

1.斜纹纬锦

（1）辽式斜纹纬锦概述

一般来说，斜纹纬锦均采用纬重组织，其中一组夹经（又称"里经"）和另一组明经（又称"交织经"）同时与几组纬纹以1/2斜纹纬重进行交织，其表层为纬面组织，其背面则为经面组织，标准斜纹纬锦组织如图 11 所示。而辽式斜纹纬锦（图 12）是一个新的概念，它指一种两面均为纬面效果的 1/2 斜纹纬锦，有时也称"半明经型斜纹纬重织物"。但我更乐意将其称为"辽式斜纹纬锦"或"辽式纬锦"，其原因是大量此类实物出自辽代，而且人们对此的认识也集中于对辽代织锦的研究。不过，我们还是要指出，此类实物自唐代晚期起已见于考古发掘，而且其地域范围也不局限于辽代疆域。

从技术的角度看，辽式斜纹纬锦可以分为几类，包括普通的辽式斜纹纬锦、带纬浮花的辽式浮纹斜纹纬锦、辽式妆金斜纹纬锦和辽式菱形斜纹纬锦等。

（2）辽式浮纹斜纹纬锦

辽式浮纹斜纹纬锦的每一套纬纹中起码会有一根纹纬丝作为地部，其余的纹纬就以纬浮的形式浮在织物表面，而在其反面，所有的纹纬均一起织入形成纬面效果（图 13）。产生纬浮的方法只是在织造时不再用明经在表面固结相应的浮纬。辽式浮纹斜纹纬锦有很多实例，如内蒙古阿鲁科尔沁旗辽耶律羽之墓出土的遍地花卉龟莲童子雁雀纹锦，而西方收藏的织物中也有不少。

图 11　标准斜纹纬锦组织
a 正面
b 背面

a | b

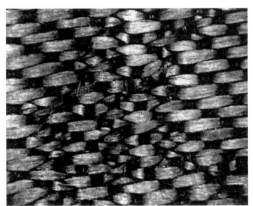

图 12　辽式斜纹纬锦组织
a 正面
b 背面

a | b

◀图13 辽式浮纹斜纹纬锦组织

◀图14 辽式妆金斜纹纬锦组织

（3）辽式妆金斜纹纬锦

辽式妆金斜纹纬锦发现于内蒙古赤峰大营子辽赠卫国王墓中，此件织物的组织十分清晰，其图案却不十分完整（图14）。

（4）辽式菱形斜纹纬锦

辽式纬锦的还有一种类型是带有菱形斜纹的斜纹纬锦。其组织也是双面斜纹，只是斜纹的方向是菱形斜纹，部分1/3S向，部分Z向（图15）。这一类型仅有一例，即发现于内蒙古阿鲁科尔沁旗小井子辽墓的胡旋舞人纹锦（图16）。类似于这件菱形斜纹纬锦的另一件实物收藏于旅顺博物馆，由日本大谷探险队得于新疆，但无明确的发掘地点，很有可能是出自新疆某一回纥时期遗址的产品。从纹纬浮长来看，这种菱形斜纹纬锦已达4枚，但更大浮长出现在5枚的缎纹纬锦上。

◀ 图 15 辽式菱形斜纹纬锦组织

▲图 16　胡旋舞人纹锦（局部）
辽代，内蒙古阿鲁科尔沁旗小井子辽墓出土

2. 缎纹纬锦

（1）缎纹纬锦及其生产

在此，我们开始提出另外一个新名词"缎纹纬锦"来指称以缎纹为基本固结组织的双纬面重组织，这类组织与辽式斜纹纬锦有着相似的技术，只是其固结组织为 5 枚缎纹而不是 1/2 斜纹。最早见于报道的缎纹纬锦是在敦煌莫高窟藏经洞发现的一片丝织品，法国学者 G. 维亚尔于 1970 年进行了对这一织物的研究。在当时，这是唯一一件为世人所知的缎纹纬锦。

我所见到的第一件缎纹纬锦出自内蒙古赤峰大营子辽赠卫国王墓。该墓早在 1954 年已经被发掘，出土的一些织物残片收藏于内蒙古博物院，但我直到 1992 年才见到其中极小的一块缎纹纬锦残片。在当时的简单报告中，我开始使用"缎纹纬锦"的名称来指称这件织物，但并未意识到它的重要性。而年代更早的缎纹纬锦被大量发现于内蒙古阿鲁科尔沁旗辽耶律羽之墓，可以想象，埋于该墓中的大部分织物均产自中原地区。其中有近十件缎纹纬锦，包括其变化组织。最为重要的是一件用雁衔绶带纹锦制成的盘领袍，这件袍子已破为多件残片，保存状况极差，但其图案依然可见，袍子的外形也可以复原。其他的缎纹纬锦有飞鹰纹锦和琐地鸟纹锦等。更有意义的是在内蒙古兴安盟科右中旗代钦塔拉发现的另一早期辽墓，墓中出土的不少织物与内蒙古阿鲁科尔沁旗辽耶律羽之墓出土的十分相似，其中也包括一件带有雁衔绶带缎纹纬锦的交领袍 。

　　这一类型的缎纹纬锦由夹经和明经两组经线构成，纬线一副可达 7 根，经线一般无明显加捻，这与唐代纬锦加有强捻的情况并不相同。明经总是单根，而夹经通常为 2 根甚至是 3 根一副，彩纬为散丝，可多达 5 至 7 种色彩（图 17）。

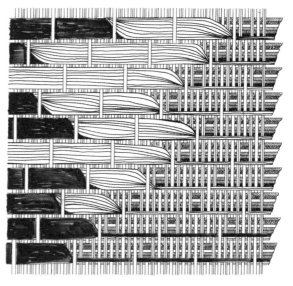

图 17　缎纹纬锦组织
a 正面
b 背面
c 结构

（2）纬浮缎纹纬锦

纬浮缎纹纬锦与普通的缎纹纬锦有着完全一致的基本组织，但其表层的部分图案带有纬浮线（图 18）。一组纹纬中的一部分不由明经固结，从而形成浮纬，而是在表面固结一副纹纬中的其中几种色彩而形成。但这种纬浮局限于正面，并不出现在背面，背面的明经固结还是和普通的缎纹纬锦一样。

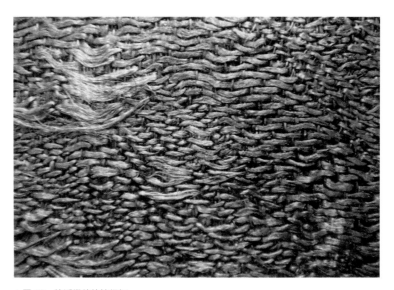

▲ 图 18　纬浮缎纹纬锦组织

▲ 图 19　奔鹿方胜花卉纹纬浮锦（局部）

　　目前发现的这类纬浮缎纹纬锦中有一例是出自内蒙古阿鲁科尔沁旗辽耶律羽之墓的奔鹿方胜花鸟纹纬浮锦，墓中共有 3 块残片保存，但褪色非常严重，所以很难区分其不同的丝线。但仔细看，我们还能辨认起码有 4 种不同色彩的纬丝。在正面，四纬中的两纬用于作纬浮，而另两种无纬浮、无明显捻度的夹经和明经在成双和单根时不太规则。此件织物的图案在唐宋时期非常流行，我们可以在当时较为流行的工艺美术及图书插图中找到这类鹿和鸟的主题纹样以及花卉纹，包括织造和刺绣。此件织物的图案循环是经向 19 厘米和纬向 17 厘米。另一件私人收藏的奔鹿方胜花卉纹纬浮锦上也有相似的纹样（图 19）。

（3）妆花缎纹纬锦

这里的妆花缎纹纬锦是指在一件缎纹纬锦上以通经断纬的方式局部织入一组或多种色彩的纹纬的织物。迄今为止，共有两件已经被发现：一件是内蒙古阿鲁科尔沁旗辽耶律羽之墓出土的团窠花卉妆金银对凤锦袍，团窠妆金和妆银间隔排列；另一件是中国丝绸博物馆收藏的绫锦缘刺绣皮囊中作为边缘的遍地密花狮盘妆金银锦。内蒙古阿鲁科尔沁旗辽耶律羽之墓出土的团窠花卉妆金银对凤锦袍总体来说是完整的，但其保存状况极差。而绫锦缘刺绣皮囊的保存基本是完整的。两者的地部其实都为纬浮缎纹纬锦，但专门的金线和银线被挖梭织成团窠对凤和小窠狮盘。这样的金银线在织物正面也以 5 枚缎纹固结；而在织物背面，它们不再被固结并以纬浮的方式出现（图 20）。

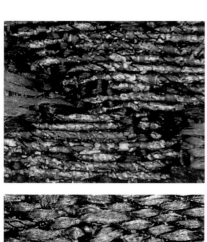

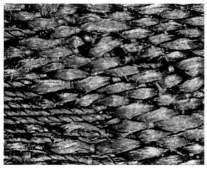

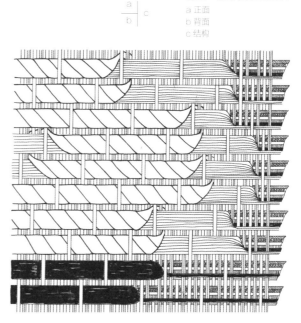

图 20 妆花缎纹纬锦组织
a 正面
b 背面
c 结构

3. 双层锦

辽代之前，双层织物仅见于新疆地区，部分毛织双层组织见于塔克拉玛干沙漠的南路，其年代为3—4世纪，著名的有新疆尉犁营盘汉晋墓地出土的红色地黄色葡萄人物纹𦂀等。而另一些唐代的双层丝织物则出土于新疆吐鲁番阿斯塔那古墓群，并无典型的中亚风格。

迄今为止，只有一件辽代的簟纹双层锦见于辽上京的一个墓中。此件织物色彩已褪，但其组织与图案却十分清晰（图21），正是几何纹和双层平纹组织。两组经丝和两组纬丝，色彩非常接近，一组褐色，一组浅黄，在中间的十字纹处织成十分明显的双层平纹组织，而在十字纹之外由于图案的频繁变化而很难分出上下层。每层之中的经纬丝各为54根/厘米和46根/厘米。

图21 簟纹双层锦组织
a 正面
b 背面
a｜b

（二）绮和绫

在古代中国以及很多其他地方，都有一类重要的平纹地上显花的暗花织物，它在汉代及汉代以前被称为"绮"，在汉代至元代被称为"绫"。我们在这里就把它们一起讨论。

1. 绮

辽代的所有平纹地暗花织物的组织可以被分为三个类型：平纹地上 1/3 斜纹花，平纹地上 1/5 斜纹花，以及平纹地上纬浮花。

在汉代，平纹地上 1/3 斜纹显花的绮非常流行。直到辽代，这类织物依然被广泛应用，内蒙古阿鲁科尔沁旗辽耶律羽之墓中也有大量出土。一件是黑色云带菱格柿蒂纹绮，还有一件是柿蒂纹绮，这是两个极好的例子，分别代表直接的斜纹和山形斜纹（图 22）。但在通常情况下，后者只用于几何形图案。

另一类组织是平纹地上 1/5 斜纹花。其中有不少例子：一件是内蒙古巴林右旗友爱辽墓出土的方纹图案，还有一件是内蒙古阿鲁科尔沁旗辽耶律羽之墓出土的蝴蝶小花纹绮（图 23），等等。

$$\frac{a}{b}$$

图 22 平纹地上 1/3 斜纹显花的绮组织
a 黑色云带菱格柿蒂纹绮组织
b 柿蒂纹绮组织

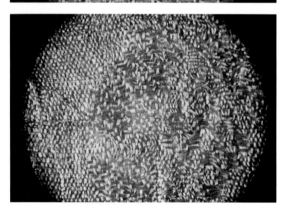

◀图 23 蝴蝶小花纹绮组织

辽代还有大量以平纹为地、以纬浮显花的丝织品，纬浮长在 3 到 7 根经丝（或者更多）之间变化，这被看作各种并丝织法的结果。其实例有内蒙古阿鲁科尔沁旗辽耶律羽之墓出土的黄色菱格地四瓣菱芯小花纹绮（图 24）、内蒙古阿鲁科尔沁旗宝山辽墓出土的小几何纹绮等。大量的这类织物也曾在敦煌莫高窟藏经洞中被发现。

▶ 图 24　黄色菱格地四瓣菱芯小花纹绮复原

2. 绫

理论上来说，斜纹的浮面（经丝或纬丝占主导地位的程度）、枚数和斜向 3 个要素中的任何 2 个之间的区别都足以产生花地区别，以形成 1 个斜纹绫。但在辽代，只是那些不同浮面的斜纹（即纬面斜纹和经面斜纹）产生的花地区别才见应用。因此，辽代的斜纹暗花织物有以下主要类型：同单位同向异面绫、同单位异向异面绫、异单位同向异面绫和异单位异向异面绫（可分别简称为"同单位同向绫""同单位异向绫""异单位同向绫"和"异单位异向绫"）。

迄今为止，同单位同向绫这类组织首见于辽代，目前所知共有两种类型：一种是 1/5 和 5/1，另一种是 1/3 和 3/1（图 25a、图 25b）。在内蒙古阿鲁科尔沁旗辽耶律羽之墓中，前者发现 5 件，后者发现 3 件，均有极为华丽的纹样。后者中的一例是纹样通幅的大雁纹绫。

在这类织物中更为有趣的是其基本组织，可以同时在花地上改变方向，例如内蒙古阿鲁科尔沁旗辽耶律羽之墓出土的一件回纹地团窠卷云双凤绫中用 5/1（Z/S）菱格斜纹作地时就用 1/5（S/Z）作花（图 25c）。

同单位异向绫的组织结构基本与唐代一致，1/3 和 3/1 互为花地。在内蒙古阿鲁科尔沁旗辽耶律羽之墓和其他辽墓中，我们可以找到大量的这类组织（图 26）。一般来说，其所用纹样中等，如墨描富贵绫夹被和泥金填彩团窠蔓草仕女纹绫等。在内蒙古科左中旗小努日木辽墓和内蒙古巴林右旗辽庆州白塔等中也能找到这类绫织物。

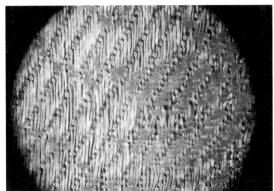

$$\frac{a}{\dfrac{b}{c}}$$

图 25　同单位同向绫组织
a 1/5Z 斜纹地上 5/1Z 斜纹花绫组织
b 1/3S 斜纹地上 3/1S 斜纹花绫组织
c 5/1（Z/S）斜纹地上 1/5（S/Z）斜纹花绫组织

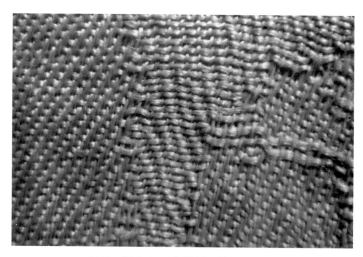

▲图26　1/3 和 3/1 互为花地的同单位异向绫组织

异单位同向绫多以 1/5 和 2/1 斜纹互为花地，也出现在大量辽墓中，如内蒙古阿鲁科尔沁旗辽耶律羽之墓（图 27）。与唐代不同的是，这类异单位同向绫在数量上大大超过 4 枚的同单位异向绫，内蒙古阿鲁科尔沁旗辽耶律羽之墓出土物中几乎有一半的斜纹绫均使用这一类型，如独窠牡丹对孔雀纹绫、大窠套环宝花纹绫、卷云四雁衔花纹绫、朵云纹绫、朱描盘绦绶带绫。其最大的图案充满整个门幅，是谓"独窠纹样"。

异单位异向绫以 3/1 经面斜纹为地，此类织物使用更大单位的纬面斜纹 1/7 做图案（图 28），其单位和斜向均不相同。但这类织物我们只能找到很少的实例：其中一例是内蒙古阿鲁科尔沁旗辽耶律羽之墓中图案极大的云山瑞鹿衔绶纹绫，其纬向循环通幅，经向循环达 78 厘米；另一例是内蒙古科左中旗小努日木辽墓出土的云鹤纹绫。中国丝绸博物馆收藏的绫地贴金团花夹帽所用面料采用的也是 3/1Z 作地、1/7Z 斜纹起花的组织。此类组织首见于辽墓出土的丝织品。

▲ 图 27　2/1Z 斜纹地上 1/5Z 斜纹花绫组织

▲ 图 28　3/1Z 斜纹地上 1/7S 斜纹花绫组织

3. 并丝织法

并丝织法是 2-2 织法的一种衍生，它由 G. 维亚尔提出，随后得到 J. 贝克尔等人的实验证实。此后，多数研究中国古代织造技术的学者均赞同这一方法，其中弥尔顿·森迪等还进行了进一步的研究。

2-2 织法的定义可以表述如下：在此提花方法中，两根相邻的经线总是被穿入同一提花综眼而具有相同的运动规律，并在投梭时将同一组提花综提升两次。现在，纺织专家使用"边阶"一词来表现这一意思，在此情况下，2-2 织法将产生边阶为二经二纬的图案。

我在研究中曾提议将 2-2 织法改称为"并丝织法"，来表述这些暗花织物边阶大于二经二纬的情况。这一情况不仅为中国发现的早期丝织品所证实，而且为大量辽代织物所证实。

并丝织法只能用于提花综眼和地综均采用上开口综的提花织机。有了这些上开口综眼，经线穿过的起综也会允许后面的提花综眼里穿着的经线提起。这样，最终经丝提起的结果会同时包括由起综提升的和由提花综提升的经丝，换言之，最后的组织结构是地组织和提花组织之并（和）。因此，理论上来说，提花组织并不一定等于织物的花部组织。

基于这一原理，并丝织法的定义是：两根或两根以上相邻的经丝总是一起穿过同一提花综眼，而且在地综依次提升时，提花综总是被连续提升两次或两次以上。2-2 织法只是并丝织法在二经二纬时的特殊情况下的特例。并丝织法是在更多经丝和更多提综的情况下出现的。现在，我们较多地使用"边阶"的概念，并丝织法就是边阶的一种情况，其边阶的大小是可变的，这正是我喜欢使用"并丝织法"更甚于"2-2织法"的原因。

我所建议的并丝提花组织符号由一个短横相连的前后两个部分组成，可表述为G-G。第一个G中有两个数字：前一个阿拉伯数字表示相邻经丝穿入同一提花综眼的数量，即经丝的边阶（过渡格数）；后一个罗马数字表示两组穿过提花综眼经丝之间间隔的经丝数。第二个G也含有两个数字：前一个阿拉伯数字表示一组提花综被连续提起的纬丝数，后一个罗马数字表示不提升提花综的纬丝间隔数。进而，我们可以将G-G看作一个组织块，它被称为"并丝组织块"，其单位是G根经丝和G根纬丝。此时，这些组织块也可以再按照一个新规律进行排列，形成"块组织"，与其他没有提花综参与的空白块组织在一起，可以形成平纹和斜纹，在理论上甚至可以是缎纹。此时，我们还可以用括号内的基本组织来表示其块组织规律（N/M），如是斜纹，则再加S或Z以表示其斜向。如果其块组织并非一普通组织，而是依照图案而行，则用T表示（图案）。

辽代所有种类的平纹地暗花织物均可用并丝织法来进行织造。根据并丝织法的表示方法，我们可以说明如何来运用并丝织法织造这些暗花织物。

第一组是平纹地1/3斜纹，被大多数学者认为是真正的2-2织法，一个2-2的组织块以1/1的平纹规律在1/1的平纹地上合成（图29a），其最终斜纹的斜向可以根据提花组织和地组织的配合方法得到S或Z的变化。

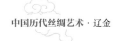
　　第二组是平纹地上的纬浮，使用并丝组织块（可以有 4-2、2-4、4-4、2-4Ⅱ等）与平纹地配合，其最终组织变化甚广（图 29b、图 29c），而大部分使用平纹的块组织会形成几何图案。

　　大部分平纹地上 5/1 斜纹的组织可以被看作 2-2 组织块以 2/1 斜纹的规律与平纹地的配合，S 和 Z 两个方向可以同时被应用。配合方法不同，就可以得到 5/1 普通斜纹和 5/1 破斜纹两种，就像内蒙古巴林右旗友爱辽墓出土的方格纹绮一样（图 29d）。

　　在斜纹地的暗花织物上，所有的斜纹地纬浮绫都能以并丝织法织成，其方法十分简单，就与平纹地上的纬浮显花一样。但这是 G-G 组织块和斜纹地的配合。织工似乎并不在乎 G-G 块能否很好地与斜纹地配合，所以，我们可以经常看到不规则性存在于

| a | b |
| c | d |

图 29　平纹地上的并丝织法
a 2-2T
b 2-2（2/1）Z
c 2-2（1/1）
d 3-4 和 4-4（1/1）

G-G 组织块，3-3、3-4、3-5、3-2 在 1/2 斜纹上，以及 4-4、4-3、4-5 在 1/3 斜纹地上（图 30a、图 30b）。

　　我们也发现了在斜纹地上的 G-G 组织块以斜纹规律的排列配合。在内蒙古巴林右旗辽庆州白塔中发现的棕色蝶鸟穿花纹绫和黄色折枝纹绫等，是 2-4 组织块以 2/1Z 向斜纹与 1/3 斜纹的结合，但如果配合方法改变，则其组织也会改变（图 30c、图 30d）。

　　但是，并非所有辽代斜纹地暗花织物都能由并丝织法织出。一般来说，在织造其他斜纹地暗花织物的过程中需要增加伏综。对于 1/3 和 3/1 的异向斜纹绫来说，理论上我们可以使用并丝织法和伏综织法中的任何一种，但在辽代，有一大部分斜纹地的绫使用的是伏综织法。

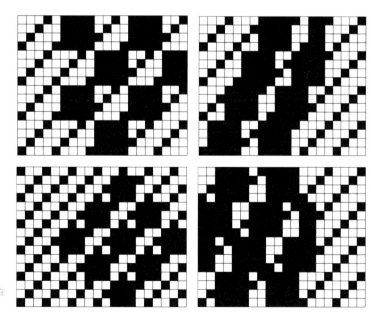

图 30　斜纹地上的并丝织法
a 4-4（1/1）在 1/3Z 斜纹地上
b 2-4（2/1Z）在 1/3Z 斜纹地上
c 3-3（1/1）在 1/2 斜纹地上
d 2-4（2/1Z）以不同的结合方式在
1/3Z 斜纹地上

（三）纬浮和妆花

古代中国有一类重要的织物，可以被称为"地结类纬重织物"，在古代文献中常以"花"名加于织物名称之前。这是一种用一组地经和包括一组地纬以及若干色彩的纹纬织成的织物，其最后组织为地经和地纬织成的地组织上插入通梭或不通梭的、由地经固结的纹纬。简单起见，我们用地组织之前加"花"字来命名，如花绢、花绫、花罗、花纱。如果纹纬中有挖梭者，则可称为"妆花"，如妆花绢、妆花绫。

1. 花　绫

在内蒙古科左中旗小努日木辽墓的出土物中，有两类织物插入纹纬，其中之一为3/1S蓝色斜纹地上插入黄色纬浮显花的蓝地云雁鸟纹花绫，纹纬在织物的正背均作浮长（图31）。另一类型出自同一墓葬，但有两件，一件是小团花，另一件是联珠纹团花，后者为2/1S地组织，褐色，是一组黄色的纬浮显花（图32）。两者均无地经固结纹纬，因此纬丝浮于织物的正面和背面。

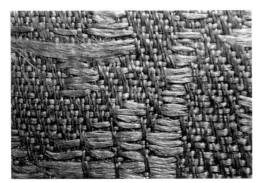
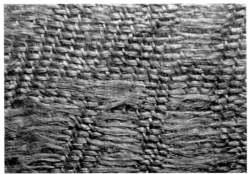

图 31　3/1S 斜纹地插纬浮花绫组织
a 正面
b 背面

a ｜ b

图 32　2/1S 斜纹地插纬浮花绫组织
a 正面
b 背面

a ｜ b

　　这类组织中最为漂亮的一件出自内蒙古巴林右旗辽庆州白塔。这是一件小佛幡，保存情况极佳。其地组织由极为鲜红的地经和地纬 3/1Z 织成，而纹纬有 5 种颜色：蓝、浅蓝、绿、黄和白。绿色、黄色和白色纬线一直织入，但蓝色和浅蓝两色只是在一定的区域内织入。因此，纬线的比例是 1 根地纬比 5 根纹纬，其余的地方只是 3 根纹纬。所采用的固结组织是 1/5S 斜纹，这类组织一般不与 3/1 斜纹配合。这类 3/1 组织和 1/5 组织的不同斜向的配合极为罕见。可以推测，所有的纹纬在织物背面并不会被固结，尽管我们因为织物有背而不能看到背面。同一地点出土的褐地彩织香囊（图 33）也具有十分相似的组织。与此相似的还有中国丝绸博物馆收藏的一件云纹织锦，其组织与织锦小幡基本相同，采用浅黄色的地经与地纬织成 3/1S 斜纹作地，在每 2 根地纬之间插入显花色丝，一行为蓝云白边，另一行为褐（可能原为红）云白边。这些纬丝在织物表面显花时由地纬以 1/5S 斜纹进行固结，而在不显花时则以抛梭沉于织物背面（图 34）。斜纹地插入通梭纹纬的织物最早见于辽代，斜纹地织入挖梭纹纬的织物也应与此同步。

▶图33 褐地彩织香囊
辽代，内蒙古巴林右旗辽庆州白塔出土

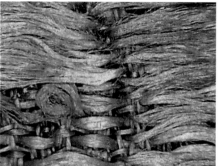

a	b
c	

图 34　3/1S 斜纹地上插
纬浮花以 1/5S 斜纹固结
a 正面
b 背面
c 结构

2. 妆花绫

有了花绫，就会有妆花绫。妆花绫在敦煌莫高窟藏经洞已有发现。在辽代，更多种类的妆花出土于一些重要人物的墓中，如耶律羽之和萧屈律的墓中。但所有这些都以斜纹为基本组织，并在其上挖织彩色纬丝。

第一种是发现于内蒙古阿鲁科尔沁旗辽耶律羽之墓中的几件重要织物。其中，花树对狮鸟纹绫袍以 5/1Z 斜纹为地，也是以 1/5Z 固结挖织的丝线（图 35）。图案是花树对狮鸟纹，非常之大，在复原之后可以看到它在长度方向上有 240 厘米，而在纬向图案部分大于 46 厘米（图 36）。地组织及纹纬均是深紫色，这是辽代最为高贵的色彩。还有一件运用类似技术的织物被发现于内蒙古巴林右旗馒头沟辽墓，已为残片。

第二种是色彩更为丰富的妆花绫，如出土于内蒙古阿鲁科尔沁旗辽耶律羽之墓的葵花对鸟雀蝶妆花纹绫袍上的面料。这件织物由一组地经、一组地纬及数组花纬织成，其地经与地纬织成 1/5S 作地，花部较为复杂，地经与地纬织成 5/1Z 斜纹，沉在地部，地经与花纬则还是织成 1/5S，位于表面，此时花部与地部的表面组织是相同的，故而有时看来效果如同斜纹纬锦。但此处花纬是以挖梭形式织入的，花纬与地纬比一般是 2：1，有些区域则是 1：1，花纬与地纬的织入比也都是全越。在有两根花纬交织的区域中，当一根花纬在正面显花时，另一根则在背面作抛梭越过（图 37）。

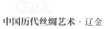

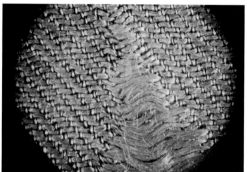

a | b
c

图 35　5/1Z 妆花斜纹地上插纬浮花以 1/5Z 斜纹固结

a 正面
b 背面
c 结构

▲ 图 36　花树对狮鸟纹绫袍（局部）
辽代，内蒙古阿鲁科尔沁旗辽耶律羽之墓出土

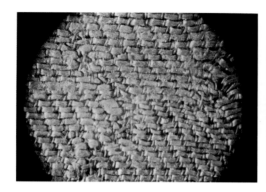
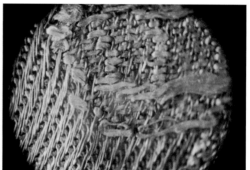

图 37　5/1Z 和 1/5S
斜纹作地，彩纬妆花，
以 1/5S 斜纹固结

a 正面
b 背面
c 结构

3. 织金和妆金

考古发现中最早的加金织物是出土于青海都兰热水墓群属于10 世纪的织金带，它以丝质的平纹为地，插织入极短的片金，片金为断纬，但这一断纬是被剪断的，而不是回绕的。地部经纬丝线均带有极强的 Z 捻，而片金较宽，较厚，未带任何背衬，丝带宽约 2.8 厘米。因此，这是一种特殊的织物，不同于一般概念中的织物。

在平纹或斜纹地上织入金线的织物在唐代已有发现，辽墓中也有不少。最早的实例是内蒙古大营子辽赠卫国王墓出土的妆金绫，由于保存状况不好，织物已非常残破，但仍可非常明确地看出这件织物地组织为 5/1Z 斜纹，地经与捻金线的固结组织是 1/5Z 斜纹，图案不清。

宋辽金夏时期加金织物最为集中的发现要数黑龙江阿城金代齐国王墓中出土的织物。其加金织物通常以平纹或斜纹为地，如酱色地织金绢绵袍、驼色地朵花纹织金绢夹袜和腰带、酱色地云鹤纹织金绢绵袍（图 38）、绿地折枝梅纹织金绢绵裙，以及棕色团龙卷草纹织金绢棺罩，这些都是在平纹地上织入金线的。这种组织属于地络类织物，金线通常为片金，金线与地经的交织组织以斜纹为多，如酱色地云鹤纹织金绢绵袍就用 1/3 的 4 枚左斜纹显花作为金线的固结。而织金绸或称织金绫者一般以斜纹作地，如烟色地双鸾朵梅纹织金绸绵护胸和深驼色鸳鸯纹织金绸帷幔（图 39），斜纹一般为 3 枚斜纹，如后者正是用 2/1Z 斜纹作地，金线与地经以 1/2S 斜纹固结。

a
—
b

图 38　酱色地云鹤纹织金绢绵袍
金代，黑龙江阿城金代齐国王墓出土
a 整体
b 局部

▶ 图 39　深驼色鸳鸯纹织金绢帷幔（局部）
金代，黑龙江阿城金代齐国王墓出土

　　织金的技法根据织入金线的图案范围的不同而分别采取通梭和挖梭的方法。酱色地织金绢绵袍的两袖通肩织有金襕两行，两行图案间为织金圆珠纹，图案宽 14 厘米，下摆以上 27.5 厘米处亦饰同样的织金图案一行，上方饰织金圆珠纹，共宽 7 厘米。由于图案沿织物纬向排列，因此，金线在纬向织入通幅，可以用通梭织入。再如烟色地双鸾朵梅纹织金绸绵护胸上的图案是朵梅满地的搭子，搭子直径较小，却在织物面上均匀分布，因此，也可以采用通梭织入。但是，另一件酱色地云鹤纹织金绢绵袍，其图案虽然也是搭子，其云鹤纹样的单位尺寸却明显大很多，纹样长12 厘米、宽 13 厘米，而纹样间距为长 15 厘米、宽 17 厘米。此时，如将金线以通梭方法织入，则将有一半以上的金线要沉在背后，浪费太大，因此织工就采用通经断纬的挖梭方法织入。另一件棕色团龙卷草纹织金绢棺罩非常大，上织有团龙卷草纹，遍地密布卷草，团龙在圆形开光之中，龙有 3 爪，头部上昂向右，张嘴，呈矫捷攀登状，团龙纹直径约 20 厘米，团花间距 5 厘米。图案基本由金线通梭织出，但其龙眼则用深棕色纹纬挖梭织造（图 40）。这是挖梭与通梭同用的一例。

　　金代加金织物的技术还有一个特点是，作为地组织的纬线于图案处部分在背面作背浮。图案上要插入金线，势必会大大增加这一区域的纬线密度，使这一区域变得不平整或是整个凸出于地组织平面之上。因此，当时的织工就有意将部分地组织的纬线沉在背面，不织入组织，使这一区域中的纬密降低，织物显得平挺。这类织物不仅在黑龙江阿城金代齐国王墓中有部分发现，如绿地折枝梅纹织金绢，而且在较晚的元代的加金织物如绿地春水纹织

▲图 40　棕色团龙卷草纹织金绢棺罩
金代，黑龙江阿城金代齐国王墓出土

金绢、红地鹿纹织金绢和红地团龙纹织金绢等上也可以找到其沿袭。

　　这里顺便说一下纻丝。宋代文献中较多地出现"纻丝"的名称，如《咸淳临安志》中记载："纻丝，染丝所织，有织金、闪褐、间道等类。"[①] 纻丝在元代史料中明显是指缎类织物，但在宋代文献中似乎尚无如此明确的对应关系。这个注释中的织金指的是在织物中织入捻金或片金，具有金色效果；闪褐或指两种色彩的丝线相间织入，呈现闪色效果；间道则是指两种不同色彩呈条状排列。从宋宁宗杨皇后的《宫词》"要趁亲蚕作五丝"及辽代缎纹纬锦已经出现的情况推测，当时有可能已经开始生产真正的 5 枚暗花缎，但在考古中尚无实物发现。

①　潜说友 . 咸淳临安志 . 杭州：浙江古籍出版社，2012：2067.

（四）缂　丝

1. 辽代缂丝

　　总的来看，缂丝是中国纺织史上艺术高于技术的重要一族。除了意大利圣彼得大教堂地下出土的 1 世纪的缂丝外，只有发现于中国西北地区的少量唐代缂丝残片早于辽代。由于辽代与唐代十分接近，因此，在回答关于缂丝早期发展的众多问题时，辽代缂丝可以显示其特有的价值。

　　辽代缂丝几乎见于所有重要的辽墓之中，包括内蒙古阿鲁科尔沁旗辽耶律羽之墓、内蒙古赤峰大营子赠卫国王墓、内蒙古兴安盟科右中旗代钦塔拉辽墓、内蒙古科左中旗小努日木辽墓、辽宁法库叶茂台辽墓和内蒙古翁牛特旗解放营子辽墓等，但每一墓葬只有极少量的几件为缂丝制成。这说明缂丝在当时极为贵重，只有一些皇亲国戚和达官贵人才能使用，即使是官位极高，也只能使用少量，就像中国成语中所说的"评头品足"，我们在辽墓中发现的大部分缂丝制品是帽子、靴子，也有部分其他装饰品。大型缂丝中只有一件山龙纹缂金出土于辽宁法库叶茂台辽墓，长约 2 米，纹样为龙、石和海怪等（见图 3），原先用于包裹尸体。用于皇帝的缂丝服装只是见于史料，却从未在考古中发现。

　　辽代缂丝与其他缂丝一样，为通经断纬的平纹织物。辽代缂丝的经线通常是由两根 S 捻的丝线合成 Z 捻的股线，丝线本色，约 20 根 / 厘米。其纬丝没有加捻，或只是极弱的 S 捻，但被织得非常之紧，并且不匀，一般可达 100 根 / 厘米甚至更密（图 41）。织造时沿着图案边缘，在色彩变化处即纬线回绕处使

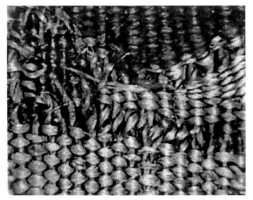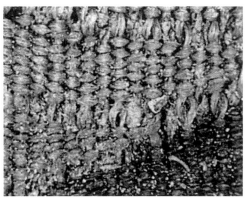

图 41　辽代缂丝组织
a 正面
b 背面

用断裂缂法，但偶尔也用一两根纬丝相互搭接。辽代缂丝的另一特点是经常使用金线织入织物，这也可以增加缂丝的贵重感。

辽代缂丝在尺寸上远远大于唐代。我们目前所知的唐代早期缂丝发现极少，新疆吐鲁番和青海都兰各有一两件出土，但在新疆吐鲁番张雄墓出土的缂丝只有 1 厘米宽，另一件出自新疆吐鲁番阿斯塔那古墓群的织物似乎更窄，而一件出自青海都兰热水墓群的小花缂丝宽 5.5 厘米，随着历史的发展逐渐加宽。

此外，辽代缂丝总是以织成的形式出现的，直接织成靴子、帽子或其他形式，如缂金云龙纹靴（图 42）。大部分的缂丝靴子，无论其纹样是凤凰还是龙，一般总有三对纹样：一对是腿前面部分的较大的凤或龙，一对是腿后面部分的较小的凤或龙，还有一对小的凤或龙在脚背上（图 43）。而唐代缂丝大部分是平行织造。

◀图42 缂金云龙纹靴
（局部）
辽代

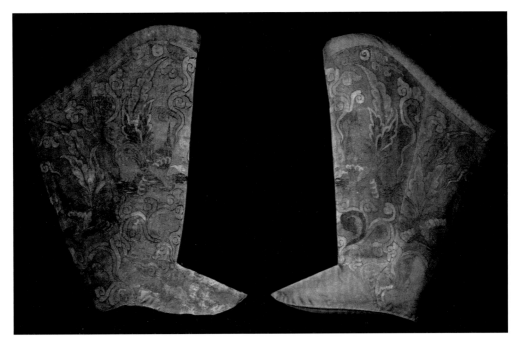

▲ 图 43　缂丝凤纹靴
辽代

　　然而，辽代缂丝与唐代缂丝之间仍然有不少共同点。出自青海都兰的唐代联珠纹缂丝就与辽代缂丝非常接近，它们都用 S 强捻合成 Z 捻股线作经，而纬丝一般不捻，两者的风格也较接近，这暗示着辽缂丝和唐缂丝的织工可能有相同的来源，特别有可能是回纥织工，他们在唐宋之际以织缂丝而著称。根据史载，契丹的皇后家族萧氏与回纥有着血缘关系，而洪皓在南宋初的《松漠纪闻》中有记载："回鹘[①]自唐末浸微，本朝盛时，有入居秦川为熟户者，女真破陕，悉徙之燕山。甘、凉、瓜、沙，旧皆有族帐。后悉羁縻于西夏。……又以五色线织成袍，名曰克丝，甚华丽。"[②]

①　回鹘即回纥。
②　洪皓 . 松漠纪闻 // 纪昀 . 四库全书（史部）. 台北：台湾商务印书馆，1982：4-6.

其他的记载中提到，在辽上京还有一地称"回纥营"，是回纥人集中居住的地方。比较12世纪早期宋至辽的礼单和辽至宋的礼单可以发现，缂丝只是在辽方礼单上而没有在宋方礼单上。这说明缂丝在当时还是契丹境内的地方产品，但契丹人无法向宋人学习缂丝，也不会自己发明缂丝。所以，我们推测是由回纥织工将缂丝技术引进辽国，并在契丹艺人的设计下织造了大部分的缂丝。这正是缂丝成为辽代产品中不同于宋代产品的一个特殊种类的原因。

2. 缂　金

几乎没有例外，所有辽代缂丝均将彩色丝线和片金线织在一起，因此我们也经常将其称为"缂金"，这也是辽代缂丝的一个重要特征。运用金线织入缂丝的目的无疑是装饰缂丝并使其更为华丽。对于大多数靴子和帽子来说，各种彩色丝线被大量使用，而金线只是在局部区域中使用。但是，辽宁法库叶茂台辽墓出土的山龙纹缂金几乎全部使用了金线，因此看起来特别亮丽。

很显然，大部分缂丝在出土后就失去了片金线，因此，原织金区中只留下了经线。幸运的是，还有两双靴子依然保存完好，可以清晰地看到织入的片金（图44）。一双是美国克利夫兰艺术博物馆收藏的缂丝凤纹靴（见图43），另一双是法国吉美博物馆收藏的缂丝龙纹靴。从内蒙古兴安盟科右中旗代钦塔拉辽墓出土的缂金凤帽中也可以清晰地看到片金。片金宽2—3毫米，远大于相邻的其他纬丝，非常显眼，它与经线织成平纹，在金线和丝线的边界处，并没有完整的片金回绕。

▲ 图 44　缂丝中的片金

（五）纱罗织物

　　纱罗组织通过经线的相互纠绞而织成。在简单织机上，绞纱可以用手将经线绞转而制作；在复杂的纱罗织机上，绞经与地经发生绞转。一般来说，一根（或一组）绞经专门与一根（或一组）地经相绞转；但有时，一根地经可以被相邻的两根绞经所纠绞，也就是说，一根绞经可以绞转相邻的两根地经。根据绞转的情况，纱罗可以分为两组：前者称为"简单纱罗"；后者称为"复杂罗"，又称"通绞罗"。两者均在辽代有发现。因通绞罗出现较早，我们在此处先介绍通绞罗。

1. 通绞罗

通绞罗是早期中国自商至唐的唯一纱罗组织。在宋辽时期，虽然简单纱罗已经出现，但通绞罗依然占据着主导地位。它被称为"四经绞罗"，因为一个绞转单位里的经丝有4根，包括2根绞经、2根地经相隔排列。此外，它还有一个名称是"链式罗"，因为所有的经丝都互相纠绞在一起。

迄今为止，无人能够回答为什么通绞罗会早于简单纱罗这么多就出现在中国。最早的通绞罗出现在河南安阳出土的商代青铜器上，然后就变得十分流行。但它只有很少的类型，只有素罗、提花罗和提花横罗三种。第一种只用四经相互纠绞，因此没有图案；第二种用四经绞作地，而用二经绞起花，这是唐辽之间最为常见的一种，其中大部分是小几何纹（图45）；第三种是四经绞罗之间穿插横向的平纹（图46），这类组织最早见于汉代的毛织物上，其后较为少见，但在辽代又见应用。辽代的四经绞横罗与汉代有一些不同，更为稀疏。

（1）提花通绞罗

织造通绞罗需要一组专门的带有长综圈的综杆，这种综杆不必具有综框，因为综框可能会带来经丝绞转时的不便。此外，绞经的穿综也运用了不同的方法。值得注意的是，由于织造图案需要提升一些地经以避免一些绞转，因此，织物中的地部是二经绞，而花部是四经绞。法国吉美博物馆收藏的一件通绞罗是一个极好的例子。

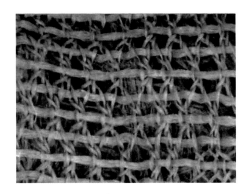

图 45　四经绞通绞罗组织

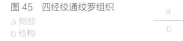
a 局部
b 结构

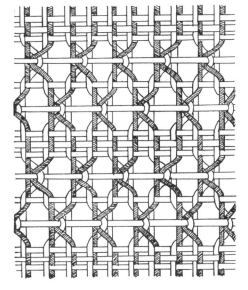

▲ 图 46　通绞横罗组织

这件红色菱格纹罗带宽为 7 厘米，长为 71 厘米。由于它是由一块织物对折后缝合而成的，因此其原宽为 15.5 厘米，包括幅边 0.5 厘米。整件织物织出菱格纹样，循环经向 18—19 厘米，纬向 5.2 厘米，但在织物的机头处，有 7.5 厘米的素织带，只是为四经绞罗。这件织物的关键之处是纹样和素织机头的交界部分。纹样部分，两行菱格以二二错排的形式排列，相互穿插，一根纬线总是在穿过两个菱纹；而在最后一行处，只剩余一行菱纹，另一行菱纹的地方则只是素罗（图 47）。换言之，菱纹图案在织物的机头处与中间不一样。设想如果存在一个用来控制所有应该提升的经丝的花本，那么织物开头处的图案应该是一行完整的菱纹和半行菱纹相穿插。但事实上只有一行菱纹出现在机头，这可能正证实了织物的图案是由手工一纬一纬挑花完成的，而不是由一个花本来控制的。

中国通绞罗的历史告诉我们，在 9 世纪以前，所有这些提花通绞罗仅有小几何花

◄图 47　红色菱格纹罗带
辽代

纹，大部分是菱形纹样，它们均可以用手工挑花的方法完成。除湖南长沙马王堆汉墓出土的大型菱纹罗之外，最早的大尺寸图案的提花罗织物被发现于陕西扶风法门寺地宫。而在宋代，更多的通绞罗出现在江南地区，因此，我们或可以推测，这些大提花的罗织物来自南方，特别是唐代的越州（今浙江绍兴）和宋代的婺州（今浙江金华）。而在北方，人们依然习惯于用手工挑织的方法生产小几何花纹的通绞罗，这一方法在辽、金、元一直沿袭。

（2）通绞横罗

通绞横罗只是发现于内蒙古巴林右旗辽庆州白塔，共有 100 余片作为经袱的丝绸，大多长宽均为 27—30 厘米。组织为四经绞罗和三纬平纹：前者形成一行孔隙，孔大 0.6 厘米；后者形成一行实地，平纹地为 0.1 厘米，密度极低。其中有一类为夹缬印花罗（图 48），如果已知普通通绞罗的织造方法，则通绞横罗的方法也极为简单。织造时使用绞综和地综两种综杆。由于其绞经和地经的绞转为四经绞，而且其密度极低，因此其织造远较普通复绞罗来得简单，特别是比二经绞的部分来得简单。而其平纹组织可由提起地经的方法来得到。

同类的通绞横罗曾出土于 3—5 世纪新疆和甘肃的一些遗址，不过是用毛织成而不是用丝织成，此后就基本不存在此类通绞罗。这类复绞横罗仅被发现于辽代疆域，特别是发现于内蒙古巴林右旗辽庆州白塔的皇家供养品，这应该就是契丹当地的产品，或与文献中所称的"番罗"相对应。这也说明，辽代的丝织方法在 12 世纪有了快速的发展。

▲图 48　萱草纹夹缬罗
辽代，内蒙古巴林右旗辽庆州白塔出土

2. 简单纱罗

经丝每经一纬后绞转一次，就成为"纱"或"单丝罗"，这类组织也有多种变化，但在辽代只有一种形式。单丝罗最早出现在唐代诗人王建（活跃于775—830年）的诗中："锦江水涸贡转多，宫中尽著单丝罗。" 也就是说，单丝罗是一种产于四川的贡品。辽代纱的组织可能正与唐代四川的单丝罗相同。

从辽代早期的内蒙古赤峰大营子辽赠卫国王墓到辽代中期的内蒙古科左中旗小努日木辽墓，纱织物在大部分辽墓中均有少量发现，说明它是一个较为珍贵的品种。与同一时期北宋或西夏的纱织物相比，辽代的纱似乎有着不同的特点。辽代的纱基本使用一顺绞的纱组织作为地，而以纬浮作花，但其纬浮一般较短（图49），因此也可以称为"浮纹纱"。而在宋地发现的纱，其花部组织有平纹和浮纹两种（图50）。这一小小的不同却可以成为辽代纱织物与其他纱的区别。

从绞综和穿综的角度来看，通绞罗和简单纱的区别并不很大。在织造通绞罗时，两根绞综杆都被用于提起同一根绞经，而地经未被提起。所以事实上没有地综杆，换言之，占一半经丝的绞经被穿入两根绞综杆。但对于简单纱来说，我们只需要一组绞综杆或是绞综片，而将另一组换成地综并固定地经，这样一换，这套装置就可以用来织造简单纱了。这套装置可见于元代薛景石的《梓人遗制》（图51）。

由于纱可以用筘来打纬，因此，任何普通的提花机均可用于织造。学者们一般会想到它是在束综提花机上织成的，也就是说，织工不仅可以用筘来打纬，而且可以用束综来提花。这

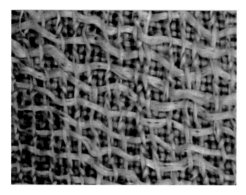

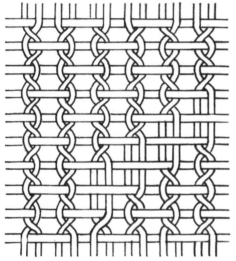

图 49　辽式简单纱罗组织
a 局部
b 结构

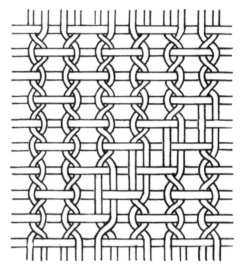

▲ 图 50　普通简单纱罗组织

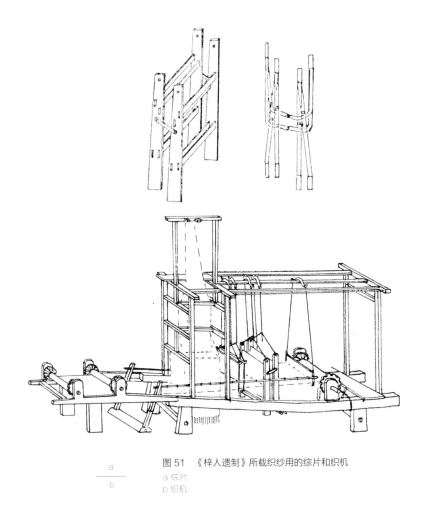

图 51 　《梓人遗制》所载织纱用的综片和织机
a 综片
b 织机

样的织机也在宋代《耕织图》上有体现（图 52）。在这架织机上，我们可以看到两套
综片——一对是综绞片，另一对是地综——用来织造绞转，而花楼上坐有一个提花小
童进行提花。总体来说，织造辽代简单纱罗的织机应该与此相同，不同的只是经丝在
综眼中的穿法。

▲ 图 52 《耕织图》中的提花罗机
宋代

中 国 历 代 丝 绸 艺 术

丝绸织造成功之后，上面还可以再次施加不同材料进行装饰，如用染料来增加色彩或图案，或再用丝线、丝绸和其他材料来丰富其效果，前者称为"染色""印花"或"彩绘"，后者通常称为"刺绣"。

（一）染料和染色

尽管绝大部分出土织物因为在地下埋了 1000 年左右而褪色，但我们知道辽代纺织品采用了许多不同的颜色。根据史载，契丹皇帝在参加议事等正规场合时穿红色或黄色的衣服，在日常生活中穿紫色衣服。另外，官员的朝服和公服均为紫色，朝服臣僚"服紫窄袍，系蹀鞢带，以黄红色条裹革为之，用金玉、水晶、靛石缀饰，谓之'盘紫'"，公服"谓之'展裹'，著紫。……臣僚亦幅巾，紫衣"。[1] 但在日常生活中却是"臣僚便衣，谓之'盘裹'。

---

① 脱脱，等.辽史.北京：中华书局，1974：906.

绿花窄袍，中单多红绿色"①。田猎服"蕃汉诸司使以上并戎装，衣皆左衽，黑绿色"②。有时皇帝也会赐给一些和尚紫色的长袍，因此在辽代紫色是最受宠的颜色。

对紫色的喜爱显然是受了中原的影响。唐贞观四年（630年）定制："三品以上服紫，五品以下服绯，六品、七品服绿，八品、九品服以青。"③ 这个颜色等级的方法延续到宋代，而且在皇亲国戚中成为一种时尚。为了获得深紫色，染匠可能加入了更多的染料，下了更大的功夫。这种时尚被普通百姓追随并强化，因此，宋代出现过多次在普通百姓中明令禁止使用紫色的诏令。一次是在宋端拱二年（989年），"诏县镇场务诸色公人并庶人、商贾、伎术、不系官伶人，只许服皂、白衣、铁、角带，不得服紫"④。另一次是在宋嘉祐七年（1062年），"皇亲与内臣所衣紫，皆再入为黝色。……于是禁天下衣黑紫服者"⑤。由此可见它的流行程度。

毫无疑问，这种时尚也流传到了契丹地区。在出土的辽代织物中，许多属于高官的长袍有两种紫色：一种是普通的紫色；另一种是很深的紫色，近乎黑紫色。后者通常为绫袍，如内蒙古阿鲁科尔沁旗辽耶律羽之墓出土的云山瑞鹿衔绶纹绫袍、大雁纹绫、花树狮鸟纹绫袍（上面有狮子、长尾巴鸟和花、树等纹样，锦缎长袍上有大大的站立着的野鹅的纹样，长袍上有鹿和云山的纹样，

---

① 脱脱，等.辽史.北京：中华书局，1974：907.
② 脱脱，等.辽史.北京：中华书局，1974：907.
③ 刘昫，等.旧唐书.北京：中华书局，1975：1952.
④ 脱脱，等.宋史.北京：中华书局，1977：3574.
⑤ 脱脱，等.宋史.北京：中华书局，1977：3576.

纱罗长袍上用金箔印绘了开花的树的纹样）。这种服色后来又为女真人和蒙古人所采用，直到明代才用红色代替了紫色。

紫色的染色方法在宋人赵彦卫的笔记小说《云麓漫钞》（成书于 1206 年）中有记载。根据科学测试，这种用来染紫色的植物就是紫草。比利时科学家扬·沃特斯曾分析了辽代的一块紫色面料，得到的染料成分是紫草醌，说明这是通过紫草染色而成的。

除了紫色，对于辽代的其他颜色再也没有什么书目记载了。不过可以肯定的是，唐宋的染色技术也被辽人使用。在这种情况下，红色来自苏木和茜草，黄色来自栀子、黄栌和槐米，蓝色无疑是靛蓝，黑色则来自各种树皮或坚果。

（二）印　花

印花是通过彰施而在织物上形成图案的工艺过程。但在中国古代，属于这一工艺概念的有：防染印花的染缬，总体是先防后染；直接印花，染料或颜料通过黏合剂进行着色，如果图案随意，直接用毛笔进行手绘也是同一原理；还有贴金或泥金也可以归属于这一类别。

1. 夹 缬

唐代有许多染缬的方法存在，如蜡缬、绞缬、灰缬和夹缬，不过只有夹缬在辽墓中找到，它们大部分出自内蒙古巴林右旗辽庆州白塔。夹缬是用两块对称雕刻的夹缬版夹持织物进行染色的。用这种方法，那些被夹缬版上凸出部分夹持的织物就不会染上色，而那些版之间凹下的地方就被上染，这样，纹样就形成了。前者就称为"凸版"，未染色处作纹样，染色处为地，通常没有边缘；后者就称为"凹版"，染色的纹样在未染色的地上，通常有纹样边。通过对纺织品的分析研究，发现凸面染色只能得到一种颜色，而凹面染色用一些特殊的方法就能得到多种颜色，但大部分辽代夹缬织物即使使用凹版也只有一种颜色，只有若干为多彩夹缬，包括出自山西应县佛宫寺木塔的"南无释迦牟尼佛"夹缬绢（见图5）。

棕色地云雁纹夹缬绢出自内蒙古巴林右旗辽庆州白塔，这是一件由凸版夹染而成的方巾，宽度约为44厘米，上面有12只雁和44朵灵芝云，这些云对称于经轴（图53）。其工艺也很明显，它首先对折，然后夹染成棕色。这就是我们还能清楚地看到那根轴线颜色深于其他部分的轴线的原因。另一件由凸版夹缬而成的伞盖纹夹缬罗有着璎珞和伞盖纹样，收藏于法国吉美博物馆（图54）。它首先折成1/4大小，然后染成红色，所以纹样在经向和纬向都对称。另外，这个方法也在一些长腰带上使用，比如赤峰博物馆收藏的内蒙古翁牛特旗解放营子辽墓出土的团龙纹夹缬罗带和私人收藏的蓝地小丛花纹夹缬绮带。

凹面夹缬染色可以通过纹样边缘与凸面夹缬染色区别开来。事实上，凸面部分预先留出了未染色的地方，然后凹面部分就可以染

▶图 53　棕色地云雁纹夹缬绢
辽代，内蒙古巴林右旗辽庆州白塔出土

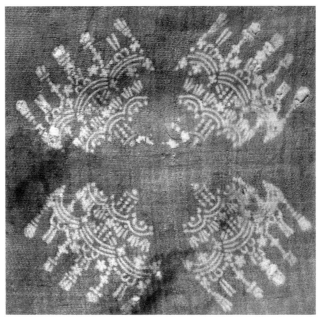

▶图 54　伞盖纹夹缬罗（局部）
辽代

出纹样。为了在未染色区域内染上色彩，我们可以在凹面处凿些小洞让染料通过。内蒙古巴林右旗辽庆州白塔出土的另三件凹面夹缬织物，包括莲花纹夹缬罗、萱草纹夹缬罗和松树纹夹缬罗，都是先被折成 1/4 大小，然后用小型的夹版夹住，最后染色，其中第一件是双色，后两件是单色。

在吐鲁番、都兰和敦煌，甚至在中亚，考古学家都找到了 8—10 世纪的大量夹缬织物，但主要的留存还是在日本奈良正仓院。通过大量对实物的研究和工艺的实践，郑巨欣发现夹缬在染多种色彩时也只用一套夹版，即两块对称雕刻的夹版。从实物来看，用这一方法染成的两种不同颜色的分界处有非常清晰的没有染色的分界线。如内蒙古巴林右旗辽庆州白塔出土的莲花夹缬罗，其花瓣和叶子用红色，地则用灰绿色，缠绕花瓣和叶子的藤也用灰绿色，就应是一套夹缬染两种色彩。不过，辽代有的多彩夹缬也有不同颜色重叠的现象，颜色之间没有明确的分界线。郑巨欣认为，这种情况是因为染色过程中用了两套或两套以上夹版。山西应县佛宫寺木塔出土的"南无释迦牟尼佛"夹缬绢共有三种颜色，地是黄色，主纹样是红色，蓝色作为装饰。这块织物可能被夹染了三次，所以我们有时会发现不同的颜色重叠在一起了，如有的地方蓝色和黄色重叠在一起成为绿色。此外，脸部细节和领子可能是夹缬之后画上去的。这件夹缬与唐代的夹缬有着不小的区别。郑巨欣为此雕刻了三套夹缬版（图 55）。

当时夹缬版的尺寸通常有两种：一种大概为 20 厘米宽，40厘米长，适合那些折成一半大小进行夹缬的织物；另一种大概为12—16 厘米宽，适合那些折成 1/4 大小的织物。比如，莲花纹夹缬

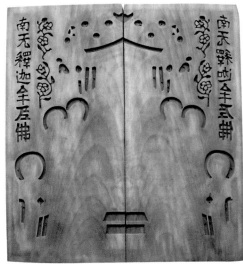
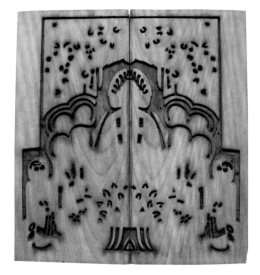
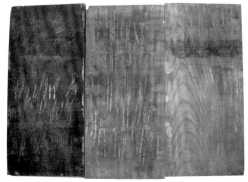

图 55 "南无释迦牟尼佛"夹缬版

a	b
c	d

a 红版
b 黄版
c 蓝版
d 三版之背面

罗为 12 厘米宽，12.7 厘米长；萱草纹夹缬罗为 11.5 厘米宽，16 厘米长；松树纹夹缬罗则为 11.5 厘米宽，12 厘米长。不过如果纺织品的尺寸发生了变化，则夹缬尺寸也要相应变化。例如，佛像夹缬的织物门幅大概就有 60 厘米，所以它折起来也有将近 30 厘米宽，60 厘米长。

夹缬工艺包括若干个步骤：浸湿、折叠、染色、漂洗和后整理等。浸湿是为了让织物湿润，同时防止凸起部分染上色彩，折叠是为了夹版上的图案循环重复，夹合有时可以加上一种化学材料，如含有碱性的物质和淀粉，这可以让防染更为彻底。但是它可能会像唐代时的灰缬那样对织物造成损伤。然后再是染色、漂洗和后整理。

夹缬这种方法在唐代资料中提到过很多次。据唐人所传，这个方法是 8 世纪时的唐玄宗嫔妃柳婕妤之妹发明的。"玄宗柳婕妤有才学，上甚重之。婕妤妹适赵氏，性巧慧，因使工镂板为杂花，象之而为夹结。因婕妤生日，献王皇后一匹。上见而赏之，因敕宫中依样制之。当时甚秘，后渐出，遍于天下"[1]。甚至一些军队用夹缬来制作他们的战袍，浙江南部的一些商人就以贩卖夹缬模具为生，当地现在还有进行夹缬模具售卖的。1983 年，我在浙江南部进行了调查，发现夹缬工艺在温州一带依然存在。其所有的要素，包括 17.1 厘米宽、43.1 厘米长、17 版为一套的夹缬版，以及夹缬布上对称的人形和靛青的颜色，都和辽代的夹缬染色纺织品很相似（图 56）。

---

[1] 王谠. 唐语林. 上海：上海古籍出版社，1978：149.

 图 56　浙南地区的夹缬版和夹缬产品
a 夹缬版
b 夹缬被面
c 夹缬纹样

2.画 绘

绘画艺术被应用到织物装饰上的做法，可能被看作印花方法的一种。辽代的许多丝绸都用这种方法进行装饰，包括线描、着色和线描加着色。为了鉴定织物画绘所用的染料，我们曾选择内蒙古阿鲁科尔沁旗辽耶律羽之墓出土的一些样品送到浙江大学测试中心进行仪器分析。通过 X 射线衍射测试，最后得出染料的成分有以下几种：

S.86 金：金色，主要成分为金，其他成分为铝、硅、钙；

S.115 墨：黑色，主要成分为钙、磷，其他成分为铝、硅、硫、钾、铁；

S.118 铅白 [Pb2(OH)2CO3]：白色，主要成分为铅，其他成分为铝、硅、磷、钙、铁；

S.125 朱砂（HgS）：红色，主要成分为汞、硫，其他成分为硅、钙；

银：红黑，主要成分为银。

从出土画绘纺织品的考古报告中，我们可以发现最常用的有 5 种颜色：金色、银色、红色、黑色和白色。这也是中国纺织品装饰的传统色，而且有很长一段时间用以上 5 种原料来制作这 5 种颜色。从唐代开始，金粉和银粉就被用在了纺织品上，同时期的文学作品，如"越罗冷薄金泥重"，就是很好的证明，虽然这样的材料能找到的并不多。墨，从起源至今已有几千年的历史，几乎什么也没改变。铅粉，又叫作"胡粉"，从汉代起就已开始用于绘画。最后是朱砂，这种最鲜艳也最流行的红色始于商周，许多汉墓如湖南长沙马王堆汉墓出土的纺织品经过检测发现都

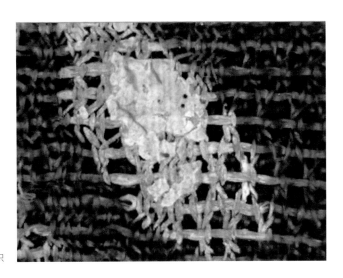

▶图 57　画绘细部组织

用到了朱砂。因此，这一测试的所有结果都是可信的，并和当时中国的科学技术的背景相符合。

　　在辽代丝绸上，着色（相当于后世的没骨画）是从属于线描的（图 57）。线描有两种方法：一种是自由勾勒或勾勒加着色，另一种是在织造纹样上进行。前一种方法应用在一些素织物上，或者小提花织物上，如平纹织物和简单纱罗。在这种情况下，无论是质量还是技巧都要求更高，纹样要求更丰富，需要一个技艺精湛的画家来画。相比其他纯粹的绘画或者辽代墓中的壁画，可以发现纺织品上的画和同时代的刺绣很相似，如内蒙古阿鲁科尔沁旗辽耶律羽之墓出土的丝绸文物上的折枝小花绮地泥金填彩树下对鹿、紫罗地白描芭蕉、泥金填彩团窠蔓草仕女等。而最美的一幅可能就是绮地泥金"龙凤万岁龟鹿"（图 58），六字之中三个字有相应的具体形象与之对应，"龙"字的一半就是一条龙，"凤"字的门框里面就是一只凤，"龟"字脚下有一只海龟，其他的几个字也很形象，极富装饰味。这种装饰字的方法至今仍可在北方民间看到。

▲图58 绮地泥金"龙凤万岁龟鹿"
辽代，内蒙古阿鲁科尔沁旗辽耶律羽之墓出土

画的另一种形式就是以织物上的织造纹样为基础进行描绘，一般是暗花织物上的一些单色纹样。有许多例子，包括内蒙古阿鲁科尔沁旗辽耶律羽之墓和其他一些墓出土的泥金填彩团窠蔓草仕女纹绫、泥金云雁、墨描富贵绫袍、朱描盘绦绶带绫等（图59）。人们没有在其他时代发现过织物上有这样的描绘，看起来这是辽代丝绸的一大特色。或许是因为暗花织物的纹样不够清楚，所以，契丹人采用这一描绘的方法，让纹样更清晰、更亮丽。

▲ 图 59　按织造纹样描红

3. 印金和贴金

金的使用让纹样看起来更高档，因此辽代工匠也将金箔直接贴在织物表面。该方法在中国西北部从魏晋时期就开始使用了，不过至少到唐末才传到中原地区。在陕西扶风法门寺地宫发现了一块874年的贴金蝴蝶纹纱罗，上面用贴金法印绘了蝴蝶的图案（图60）。在辽代，只有少数一些纱罗和平纹织物用到这种方法。其中一个实例是在内蒙古阿鲁科尔沁旗辽耶律羽之墓中发现的一件紫罗袍，上面有一株莲花的纹样，高8厘米，宽6.3厘米。另一件伦敦罗西画廊收藏的紫罗带缠在一根木棍上，上贴虎头和卷云纹。通过显微镜，可以发现金箔和织物是脱离的，但是看不到任何用来粘住金箔的黏合剂的影子。另一个实例是中国丝绸博物馆收藏的帽子，上面也有贴金，在贴金上面还有墨描，勾出轮廓（图61）。

金代也有不少印金作品，如黑龙江阿城金代齐国王墓出土的黄褐暗花罗牡丹卷草纹印金缀珠腰带、棕褐罗团云龙纹印金大口裤。[①]

▲图60 贴金蝴蝶纹纱罗
唐代，陕西扶风法门寺地宫出土

▲图61 贴金上的墨描

---

① 赵评春，赵鲜姬. 金代丝织艺术——古代金锦与丝织专题考释. 北京: 科学出版社，2001: 70-72.

（三）刺　绣

刺绣是一种重要的装饰手段，在辽代纺织品中被广泛采用，这是因为刺绣的色彩运用灵活和式样改变容易。基本上，刺绣可以根据针绣法分成几个不同的类别：钉针、平针、钉线彩绣、切针、接针、琐针以及其他针法。

1. 钉金绣

钉金绣是将金和（或）银线用丝线钉在丝绸表面的刺绣。当刺绣中的主体部分是由盘金线构成时，该刺绣就可被称为"盘金绣"或"蹙金绣"；而当刺绣轮廓由金线钉缝绣成时，该刺绣就可被称为"钉金绣"。辽代钉金绣通常采用的是捻金线和捻银线，如罗地压金彩绣山树双鹿（图62），偶尔也用片金线，但不多见。

捻金线的芯线用两根长丝以Z方向捻合而成。通常，捻金线的芯线要细于捻银线中的芯线：前者直径为0.18—0.24毫米，捻度为8—9捻/厘米；后者直径为0.3毫米，捻度为7—8捻/厘米。捻合后的芯线就被没有背衬的金箔或由于氧化而生锈颜色呈暗红的银箔包裹起来。用于钉金绣的丝线也是捻合而成的股线，比金线和银线要更细一些，也更松一些。钉线的直径约为0.1—0.14毫米，S向或Z向的捻度为8捻/厘米。两个钉针之间的距离大概为0.3—0.4厘米（图63）。

▲ 图 62　罗地压金彩绣山树双鹿
辽代，内蒙古阿鲁科尔沁旗辽耶律羽之墓出土

图 63 钉金绣针法
a 正面
b 背面

　　通常蹙金绣会用 20 多根捻金线平行钉绣来形成图案的轮廓。比如，从内蒙古阿鲁科尔沁旗辽耶律羽之墓中出土的紫罗地蹙金绣团窠卷草对雁（图 64）用 22 根捻金线形成了一条宽为 0.9 厘米的轮廓线。有时，出于式样设计的需要，捻金线之间甚至会相互重叠，来改变轮廓线的宽窄。然而，钉金绣中的钉金线一般只有一根或两根捻金线用作轮廓线（图 65）。有时，两根捻金线只用一针钉缝。从刺绣的背面也可以发现蹙金绣和钉金绣的区别，蹙金绣背面的钉丝比钉金绣的钉丝多，这是因为前者需要更多的钉合。

　　辽代很少有片金线的钉金绣，在辽宁法库叶茂台辽墓发现的一块钉金银绣龙纹碧罗片可能是目前所知唯一的实物（图 66），它使用的片金线和辽代缂金中的金线非常相似，直径约为 1 毫米。

▶ 图 64　紫罗地蹙金绣团窠卷草对雁
辽代，内蒙古阿鲁科尔沁旗辽耶律羽之墓出土

▼图 66　钉金银绣龙纹碧罗片
辽代，辽宁法库叶茂台辽墓出土

2. 平针绣

平针绣经常用彩色丝线和直针法来完成图案所要求的表面效果。因此，在中国它也被称作"平针""齐针""直针"或"铺针"。为了让纹样看起来色彩丰富，辽代的刺绣运用了蓝、绿、红、黄、棕、紫、黑和白等多种色彩的绣花丝线，其投影宽度可达 0.5—0.8 毫米，能较好地铺满地部。

平针绣最好的一个实例是内蒙古巴林右旗辽庆州白塔出土的一组绣品，尽管一共只有 5 件，但 5 件之中，2 件为橙色罗地刺绣联珠云龙（图 67），2 件为刺绣联珠梅竹蜂蝶（图 68），还有 1 件是红罗地联珠鹰猎纹绣（图 69），色彩均保留得很鲜艳。

▲图 67 橙色罗地刺绣联珠云龙
辽代，内蒙古巴林右旗辽庆州白塔出土

▲图 68 刺绣联珠梅竹蜂蝶
辽代，内蒙古巴林右旗辽庆州白塔出土

▶图 69　红罗地联珠鹰猎纹绣
辽代，内蒙古巴林右旗辽庆州
白塔出土

　　平针绣最早出现在唐末，并迅速流行，但到了辽代有所改变。平针绣主要有两类。第一类是普通平针法，也称为"齐针法"，在该绣法中，线通过织物正面的一端穿过另一端到达织物的背面，因此针脚很平整。这是一类使用广泛的基本绣法，但齐针法又可再分为两种，分别是斜平针法和散平针法，前者主要用来绣树枝，后者主要用来绣鸟的羽毛和动物的眼睛。第二类是长短针法，也称为"套针法"，该绣法中不同的颜色平行分布，但起点和终点不同，这样有利于色彩的混合。这种方法被广泛应用于荷叶、荷花、石头、云和山的纹样中。从辽代刺绣用色中也可以大概地观察到长短针法。一般来说，图案中间的颜色比较深，越接近边缘颜色就越浅。比如，山石在中间是浅褐色，到边缘就逐渐褪为白色了。同样的渐变还有云从深蓝色变为浅蓝色，一些花从橙色变为黄色，竹子从绿色变为黄色，荷叶从蓝色变为绿色，等等。所有这些平绣针法可以结合其他针法再作他用，如水平的平针可用来表现竹枝，而垂直的平针可用来表现花蕊。

3. 钉金绣和平针绣的结合

在辽代，钉金绣和彩色丝线的平针绣经常一起使用，并根据组合形成两种不同的风格。

第一种组合是在纹样的轮廓上用钉金绣，而轮廓内又是用平针，这种绣法称为"压金彩绣"。在唐末辽初，这种刺绣方法非常受欢迎。在陕西扶风法门寺地宫发现了许多彩绣外加钉金线轮廓的绣品，此外在敦煌莫高窟藏经洞中也发现了一些用这种技术制成的令人叹为观止的刺绣。在辽代，尤其是在内蒙古阿鲁科尔沁旗辽耶律羽之墓中，我们也找到了大批类似的刺绣品，如罗地压金彩绣团窠飞鹰啄鹿（图70）和刺绣花卉对鸳鸯（图71），捻金线和捻银线或单或双地被用于这些平绣的轮廓。"压金彩绣"一名见于辽代史料，契丹贺宋代生日礼物清单中就有"红罗匣金线绣方鞴二具"一条，这里的"匣"应是"压"的另一种写法。到金代，这种绣法也为金人所用，当时史料中有"金线压"和"金条压绣"等说法，指的都是这类绣法。

第二种组合是将蹙金绣和平针绣结合在同一件刺绣中。这种结合虽然不是很流行，但在内蒙古阿鲁科尔沁旗辽耶律羽之墓中发现了一件用这种方法绣成的盘金彩绣球路大窠卷草对雁罗袍，纹样是簇四球路纹地上大窠团花中的对雁。这一团花非常大，直径大概有40厘米，不过簇四球路的纹样很小。团花和球路纹样都用彩丝平针绣成，而大雁则用盘金绣成。刺绣的顺序是先用平针绣出团花，然后用盘金绣出大雁，最后用平针完成球路纹样，其中大雁眼睛采用完全黑色的绣花丝线用平针绣出。

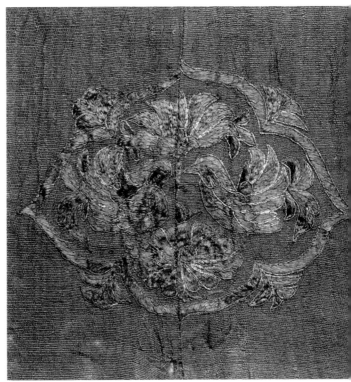

▲ 图 70　罗地压金彩绣团窠飞鹰啄鹿（局部）
辽代，内蒙古阿鲁科尔沁旗辽耶律羽之墓出土

▲ 图 71　刺绣花卉对鸳鸯（局部）
辽代，内蒙古阿鲁科尔沁旗辽耶律羽之墓出土

　　钉金绣针法和平针法在服装中绣的顺序基本相同。首先，绣者必须决定第一步做什么，是先刺绣还是先裁剪，一般是先刺绣再裁剪成服装款式。然后，绣者必须根据服装的风格来决定所有纹样的位置安排。除了极少数例外的情况，刺绣的底料一般是纱罗，再用一层薄绢衬底，然后将两者绣在一起。

4. 其他针法

　　中国刺绣中最传统的针法应该是锁绣针法，这在唐代之前使用极广，到辽代仍见使用。内蒙古巴林左旗辽上京遗址出土的一只鞋上就用锁绣法绣出山和波浪的纹样。有时，这种方法也用来绣植物的茎或草，或结合平针法绣出花叶纹样的轮廓（图72），这样的实物在内蒙古阿鲁科尔沁旗辽耶律羽之墓和内蒙古巴林右旗辽庆州白塔辽墓中均有发现。从外观看来与锁针较为接近的劈针（图73）在辽代有时也见应用，尤其在勾勒纹样轮廓时。

　　另外，切针和接针（图74）在辽代也偶有发现。切针事实上多用于缝衣，而回针法从织物的背面到正面，进得少，退得多。应用这种针法最为重要的实例是一只绣有摩羯的靴外套，现为私人收藏者所有。此外，还有贴绣（图75）、边针（图76）等针法。

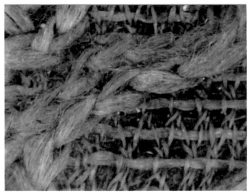

▲ 图 72　琐绣针法

▲ 图 73　3-22 劈针针法

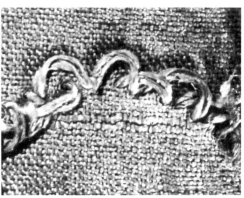

图 74　接针针法
a 正面
b 背面

a | b

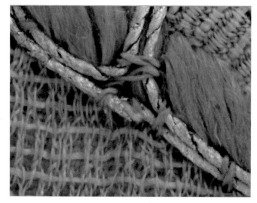

◀图 75　贴绣针法

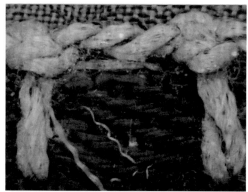

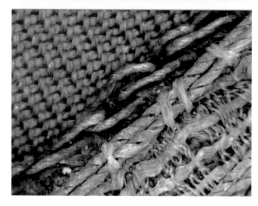

$$\frac{a}{b}$$

图 76　边针针法
a 形式 1
b 形式 2

四

辽金丝绸图案

中 国 历 代 丝 绸 艺 术

辽金丝绸图案设计不仅和唐、宋织物有着密切的关系，而且拥有它们自己独特的风格。许多当地的动植物被用作纹样题材，同时，图案单元的布局也越来越灵活，也更接近当时的服装风格，并对同时期的宋代和后期的元代都产生了很大的影响。我们按纹样题材、图案排列以及主题组合来进行介绍。

（一）纹样题材

1. 传说中的形象

（1）龙

龙不仅在织物图案中经常可以看到，还大量出现在刺绣中，其中大部分供皇家使用。最重要的龙纹织物包括辽宁法库叶茂台辽墓发现的山龙纹缂金（见图3）、内蒙古巴林右旗辽庆州白塔辽墓发现的皇室礼佛的供养品橙色罗地刺绣联珠云龙（见图67）、私人收藏的黄罗地蹙金绣团龙袍，以及内蒙古阿鲁科尔沁旗辽

耶律羽之墓出土的飞凤盘龙纹绫（图77）。黑龙江阿城金代齐
国王墓出土的忍冬云纹夔龙金锦（见图10）和印金龙纹是金代
的龙纹代表。

（2）凤

凤在辽代织物尤其是刺绣中广泛使用。辽代织物中凤的形状
和其他朝代有很大的区别，特别是凤的尾巴和凤冠的式样。并没
有证据可以证明在那个时代凤仅适用于女性，而龙只适用于男性。
凤一般被描述成站立或飞翔的样子。这两种形式在内蒙古阿鲁科
尔沁旗辽耶律羽之墓和其他墓中均有发现（图78）。

◀ 图77　飞凤盘龙纹绫纹样复原

$$\frac{a}{b}$$

图 78　辽代织物中的凤纹样复原
a 凤纹刺绣纹样复原
b 对凤纹锦纹样复原

（3）飞　马

　　这种飞马纹样的原形很有可能就是一种带有兽头、双翼和长尾的灵物赛姆鲁，它起源于西亚。一件绣有对称飞马的刺绣品曾见于私人收藏（图79）；另一件有着描绘飞马轮廓的织物被发现于内蒙古巴林右旗馒头沟辽墓，但这件织物中的马仅仅保留了左后腿。

▲图79　飞马纹刺绣
辽代

（4）摩 羯

摩羯起源于印度传说，在辽代和金代它被认为是龙鱼（鱼龙）。在内蒙古巴林右旗馒头沟辽墓出土物和私人收藏的织物尤其是刺绣中，均见有摩羯纹（图80）。在汉地，这类摩羯是被禁的："凡命妇……仍毋得为牙鱼、飞鱼、奇巧飞动若龙形者。"[1] 这里的牙鱼和飞鱼都是具龙形而非龙者，正是摩羯之类。

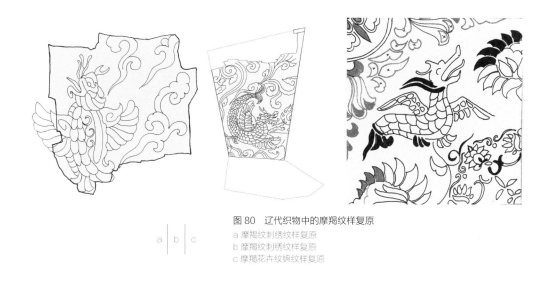

图80 辽代织物中的摩羯纹样复原
a 摩羯纹刺绣纹样复原
b 摩羯纹刺绣纹样复原
c 摩羯花卉纹锦纹样复原

a | b | c

---

[1] 脱脱，等.宋史.北京：中华书局，1977：3575-3576.

（5）四方神

中国四方神中的青龙、白虎、朱雀、玄武分别象征东方、西方、南方、北方，这些纹样通常直接画或雕刻在墓上用于装饰棺材。私人收藏中有两件绣品：一件较为完整，是罗地刺绣虎纹（图81）；另一件极为残破，是罗地刺绣蛇纹。

▲图81　罗地刺绣虎纹
辽代

（6）翟 鸟

翟鸟经常以长尾形站立的形象出现。作为一种神鸟，它在宋代专门用于装饰后妃的服饰，"袆之衣，深青织成，翟文赤质，五色十二等"[1]。翟鸟在一些宋代的绘画中也有体现，如宋代皇后画像及李公麟的《二十四孝图》中描绘的皇后像，她们所穿的衣服上均有翟鸟纹。但是，翟鸟的形象在两种不同的载体中存在：一种是绘画，另一种是刺绣。前者可见于内蒙古阿鲁科尔沁旗小井子辽墓出土的墨描翟鸟纹绢（图82），后者则可见于美国克利夫兰艺术博物馆收藏的绮地翟鸟纹刺绣（图83）。

▲ 图 82　墨描翟鸟纹绢
辽代，内蒙古阿鲁科尔沁旗小井子辽墓出土

---

① 脱脱，等 . 宋史 . 北京：中华书局，1977：3537.

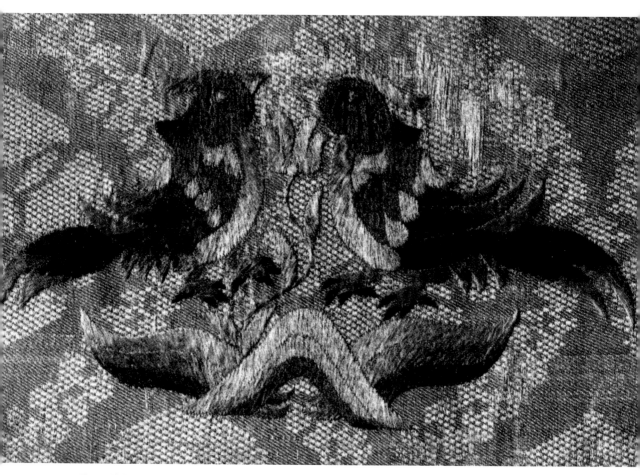

▲ 图 83　绮地翟鸟纹刺绣（局部）
辽代

2. 人　物

（1）佛　像

明确为佛像形象的丝织物在辽代只发现一件，即山西应县佛宫寺木塔出土的"南无释迦牟尼佛"夹缬绢（见图5）。绢上有释迦牟尼佛和其他菩萨的形象，以及两侧的"南无释迦牟尼佛"铭文。虽然这一形象发现不多，但从北宋使节徐兢《宣和奉使高丽图经》的记载来看，当时这类织物的生产还为数不少。

（2）仙　道

穿着汉式长袍，戴着道家帽子，与鹤为伴，与云为伴，手中还握有一把羽扇，基本就是道士或仙人的形象。这样的实例在辽代发现不少，如内蒙古阿鲁科尔沁旗辽耶律羽之墓出土的云鹤仙人纹绫（图84）、美国克利夫兰艺术博物馆收藏的包含人物形象的仙人纹锦（图85）、中国丝绸博物馆收藏的刺绣仙人跨鹤（图86）和华盖人物纹花绫（图87）。此外，内蒙古阿鲁科尔沁旗辽耶律羽之墓出土的泥金填彩团窠蔓草仕女纹绫（图88）中画有一个持花仕女，戴有花冠，她很可能是一个女道士，或和道教有关。

（3）舞　人

在辽代壁画上经常可以见到胡舞形象。内蒙古阿鲁科尔沁旗小井子辽墓出土的胡旋舞人纹锦（见图16）正是一例。

（4）骑　士

内蒙古巴林右旗辽庆州白塔出土的红罗地联珠鹰猎纹绣（见图69）体现了当时契丹贵族驯鹰跨马的英雄气概。作品正中为一团窠联珠环，直径15.5厘米，环上黑地白珠。

◀图 84　云鹤仙人纹绫纹样复原

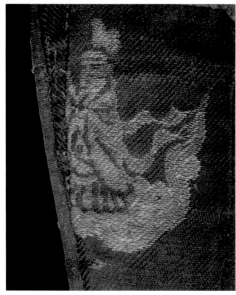

◀图 85　仙人纹锦（局部）
辽代

▲图 86　刺绣仙人跨鹤
辽代

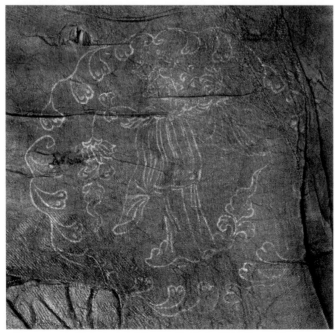

联珠之中，为一骑马人物，人侧骑正视，戴皮棉帽，穿皮棉袍，着棕色皮靴。面形方正壮实，黄色胡须，并往两边翘起，疑为髡发之变形，或为冠饰。两手高擎，立鹰两只，当是北方狩猎时常用之猎鹰，当地呼为"海东青"者。马亦披挂，马尾扎成花状。其余空隙处散布各种杂宝纹样，如犀角、双钱、竹罄、法轮、珊瑚，还有白色小圆点若干。此件刺绣可能用作经袱。

（5）童　子

在敦煌莫高窟发现的童子图像最初使用在佛教绘画中，之后在宋代有不少记载。出土实物也有不少，如内蒙古阿鲁科尔沁旗辽耶律羽之墓出土的遍地花卉龟莲童子雁雀浮纹锦（图89）和婴戏牡丹方胜兔纹绫，美国大都会艺术博物馆的收藏中也有两例：一是飞雁奔童花卉纹锦荷包（图90），二是夹缬彩绘童子石榴纹罗带（图91）。

▲ 图89　遍地花卉龟莲童子雁雀浮纹锦（局部）
辽代，内蒙古阿鲁科尔沁旗辽耶律羽之墓出土

▲图 90　飞雁奔童花卉纹锦荷包
辽代

图 91　夹缬彩绘童子石榴纹罗带
辽代
a 整体
b 局部

b

a

3. 动　物

（1）狮　子

狮子在早期织物中就被用作纹样，到了辽代狮子的形象更加可爱，要么是在花树下，要么是在花丛中，经常与绣球在一起。狮子的形象在内蒙古阿鲁科尔沁旗辽耶律羽之墓出土的花树对狮鸟纹绫袍（见图 36）和波纹地盘狮盘凤纹绫上可以看到，此外，内蒙古科左中旗小努日木辽墓出土的织锦残片中也有狮子戏球的形象出现。

（2）鹿

因为契丹人来自鹿的故乡，所以在辽代的手工艺品、陶瓷、绘画和金属制品中经常可以看到鹿作装饰纹样。不过，纹样中的鹿也有多种：一种长着翅膀，头上顶着蘑菇状冠的鹿可能起源于西亚，见于内蒙古阿鲁科尔沁旗辽耶律羽之墓出土的云山瑞鹿衔绶纹绫袍（图 92）和罗地压金彩绣山树双鹿（见图 62），有时它代表幸福或好运，看起来非常可爱；而另一种罗地压金彩绣团窠飞鹰啄鹿（见图 70）上被鹰追逐的鹿就含义相对差一点，这正是秋山的季节，鹿成为契丹人狩猎的目标。在内蒙古巴林左旗滴水壶辽代壁画墓发现的壁画上，可以看到作为袍服图案的团窠花树对鹿纹，这样的纹样也可以在内蒙古阿鲁科尔沁旗辽耶律羽之墓出土的折枝小花绮地泥金填彩树下对鹿中看到。

▶ 图 92　云山瑞鹿衔绶纹绫袍纹样复原

（3）兔　子

兔子通常伴随婴戏和花卉纹样而出现，最早见于辽代的暗花织物，如婴戏牡丹方胜兔纹绫。不过在那时兔子并不代表月亮。

（4）雁和天鹅

位于北方的契丹或女真每年都有各种游猎活动，其中最为重要的两次是初春在水边放鹘打雁，入秋则在林中围猎。这些活动也被较多地反映在织绣图案及其他艺术作品中，被称为"春水秋山"。《金史》中记载，"其从春水之服则多鹘捕鹅、杂花卉之饰，其从秋山之服则以熊鹿山林为文"①。辽金两代有大量类似的丝绸纹样可归入春水秋山之类，包括内蒙古阿鲁科尔沁旗辽耶律羽之墓出土的刺绣鹰逐奔鹿，空中飞鹰扑击，地上奔鹿狂逃，明显是属于秋山之类；内蒙古阿鲁科尔沁旗辽耶律羽之墓出土的另一件刺绣山林双鹿，在原野上两鹿随意奔跑，远方云山，近处树林，亦可将它看作秋山之作。而出自黑龙江阿城金代齐国王墓的酱色地云鹤纹织金绢绵袍的纹样更接近于春水的纹样（见图38）。除春水秋山外，明确反映契丹人生活题材的刺绣也不在少数。

（5）鹰

鹰在当地一般作为猎鹰，尤其当狩猎对象为雁和鹿时。在东北最为杰出的鹰是海东青。鹰在织物中出现得非常多，但明确为猎鹰的只有三例：一是内蒙古阿鲁科尔沁旗辽耶律羽之墓出土的罗地压金彩绣团窠飞鹰啄鹿（见图70）；二是内蒙古巴林右旗辽庆州白塔辽墓出土的红罗地联珠鹰猎纹绣（见图69）；三是中国丝绸博物馆收藏的绫锦缘刺绣皮囊（图93），其中有一面是一幅秋山狩猎图，其中的海东青居中，追逐着四散的野兽，虽然没有人物出现，但场面十分宏大。不过，有一些织物上的鹰纹较为独立，甚至还与花卉纹在一起（图94）。

---

① 脱脱，等.金史.北京：中华书局，1975：984.

a | b

图 93 绫锦缘刺绣皮囊
辽代
a 正面
b 背面

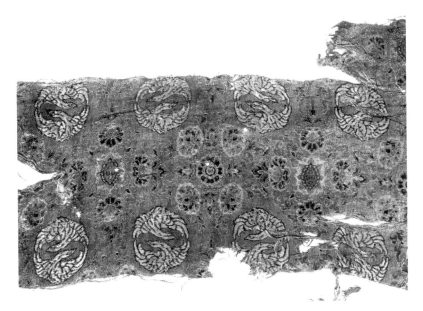

▶ 图 94 花绕双鹰纹
织物
辽代

（6）孔　雀

　　孔雀纹也是一种鸟纹，但它在唐代已代表三品以上的官位。内蒙古阿鲁科尔沁旗辽耶律羽之墓出土的一块独窠牡丹对孔雀纹绫（图 95）是其中的一个典型。不过，事实上辽代织物中孔雀纹的应用更频繁些，而且其形式也更多样化，除站立的形式外，更多的是飞翔。

（7）仙　鹤

　　仙鹤在辽金时期十分常见，内蒙古阿鲁科尔沁旗辽耶律羽之墓出土的一个荷包，上有两只钉金绣仙鹤盘绕飞舞。黑龙江阿城金代齐国王墓出土的云鹤织金袍上也有仙鹤的纹样，云中双鹤并排同飞。但当时仙鹤也的确是仙道纹样中的一个组成部分。内蒙古阿鲁科尔沁旗辽耶律羽之墓出土的云鹤仙人纹绫（见图 84），其主题也非常特别，是一位站于云气之上的仙人，仙人宽衣博带，头戴道冠，右肩上持一羽扇。在仙人面前的上方展翅飞起一只仙鹤。除此之外，中国丝绸博物馆收藏的一件贴绣上也有道人驾鹤的图像。更为经典的是山西大同金代阎德源墓出土的一件合领直襟宽袖大道袍，边饰为刺绣云鹤纹。还有一件鹤氅，共绣鹤 106 只，每只鹤均有一朵云相伴（见图 9）。

▶ 图 95　独窠牡丹对孔雀纹绫纹样复原

（8）其他禽鸟

其他的禽鸟还包括鸳鸯、鸽子、长绶鸟、鹭鸶等：它们大多数被描绘成在花丛或云气中飞翔的纹样，但也有设计成圆形，或站在树下设计成不规则图形的。纹样大小变化较多。

（9）蜜蜂和蝴蝶

蜜蜂和蝴蝶已见于出土的晚唐时期织物，在辽代更为常见。它们通常用来点缀花鸟纹样。在内蒙古阿鲁科尔沁旗辽耶律羽之墓出土的葵花对鸟雀蝶妆花绫袍及内蒙古巴林右旗辽庆州白塔出土的两件罗地刺绣联珠梅竹蜂蝶中均可以见到蝶飞蜂舞的景象，而内蒙古巴林右旗辽庆州白塔出土的红色蜂蝶绶鸟穿花纹绫也有织成的非常图案化的蜂蝶纹样。

（10）鱼

迄今为止，已有两件上有鱼纹的辽代织物面世：一件是美国克利夫兰艺术博物馆收藏的百衲丝织品，另一件是香港贺祈思收藏基金会收藏的刺绣联珠莲花双鱼（图96）。在辽代陶瓷中也能见到这种鱼纹，但在唐宋时期的织物中却几乎没有。

◀ 图96　刺绣联珠莲花双鱼
辽代

4.植 物

（1）团 花

团花指的是大窠宝花或小型团花，无论是经过简化还是更为复杂，均可看作出自唐代的传统纹样。其类型很丰富，有时是规则的几何形，有时又用鸟、蝴蝶和蜜蜂等点缀（图97）。

（2）卷 草

卷草可以是直线形，也可以是圆形，前者未见于早期墓葬。实物可见于内蒙古阿鲁科尔沁旗辽耶律羽之墓出土的泥金填彩团窠蔓草仕女纹绫，以及内蒙古科左中旗小努日木辽墓出土的蔓草纹绫。

（3）牡 丹

尽管在辽代以后牡丹纹变得非常流行，但在辽代织物中牡丹纹还不多见，这可能正说明了牡丹纹出现在辽初。独窠牡丹对孔雀绫中含有牡丹纹，另外一些织物上花卉看起来也比较像牡丹。一件中国丝绸博物馆收藏的绫锦缘刺绣皮囊（见图93）上有一面的图案是牡丹花树下对鸟纹，也非常具有唐代风格。

（4）莲 花

作为佛教的一个标志，莲花经常出现在装饰艺术中。莲花自唐代起就被广泛使用，到了辽代使用更为广泛。但它常常以画绘、刺绣和染缬的方式形成，而不仅仅是织，因此，它有时以比较生活化的方式出现。

▶ 图 97　簇六宝花纹花
绫纹样复原

（5）石榴和石榴花

石榴是一种含有丰富种子的水果，因而象征丰饶。在织物上，它也会与童子一起出现，如夹缬彩绘童子石榴纹罗带（见图91）。有时石榴花又被称作"海石榴花"，这种花开起来特别大，远远超过其他花。

（6）葵　花

葵花纹样经常出现在唐宋时期的金银器上，但在织物上的实例不多。辽代唯一的一件是内蒙古阿鲁科尔沁旗辽耶律羽之墓出土的葵花对鸟雀蝶妆花纹绫袍，上面的纹样中间是一棵盛开的葵花树，树下围着4只鸽子（图98）。

（7）梅　花

梅花在内蒙古巴林右旗辽庆州白塔出土的辽代晚期的织物中有多例发现。事实上，梅花也是当时十分普通的题材，在南宋和金代的许多织物中都可以看到，呈现树枝分散的设计。这也与辽代的织物相一致，如黄色折枝梅花纹绫。

（8）萱　草

萱草在当时又被称为"宜男"，在宋代也出现在关于丝绸图案的文字记载中。在内蒙古巴林右旗辽庆州白塔出土的萱草纹夹缬罗（见图48）中有该纹样。

▲ 图 98　葵花对鸟雀蝶纹妆花绫袍纹样复原

（9）竹　子

竹子原是中国南方的植物，但该纹样不仅在织物中有，如竹下对孔雀纹绫中的竹子和刺绣菱格罗地彩绣竹节花中类似竹子的植物，而且出现在许多绘画中，包括位于内蒙古阿鲁科尔沁旗宝山辽墓壁画上的竹子和辽宁法库叶茂台辽墓出土的绢画上的竹子。这两者都深刻地说明了契丹人对汉文化的喜爱。

（10）芭蕉叶

这是来自南方的另一种纹样，在内蒙古阿鲁科尔沁旗宝山辽墓壁画上可以看到这种纹样，《金史》中也有相关的文字记载。但内蒙古阿鲁科尔沁旗辽耶律羽之墓出土的一件紫罗地白描团窠芭蕉纹中的芭蕉叶犹如卷云。

（11）松　树

内蒙古巴林右旗辽庆州白塔发现的丝织品中有一件夹缬织物，上面有一棵塔松的纹样，被称为"松树纹夹缬罗"，而另一块罗地刺绣上绣有松树和仙鹤纹（图99）。这种松树是典型的北方植物，和南方的松树不同。

（12）杨　柳

杨柳应是南方植物，但有时在辽代丝绸中也会与南方其他植物的纹样一起出现，如船、花卉。杨柳通常用刺绣绣成。

（13）灵芝、野草和小花

在辽代，许多小植物也可以成为织物纹样。它们既可以作为主纹样，也可以作为点缀的纹样。

▲ 图 99　松树和仙鹤纹罗地刺绣
辽代，内蒙古科左中旗小努日木辽墓出土

5. 自然景观

（1）山

山通常用作花树或一道风景的背景，如罗地压金彩绣山树双鹿（见图 62）中奔鹿后面的山川，显示了春水秋山的环境。总的来说，山一般以云的形状出现，在内蒙古巴林左旗辽上京遗址出土的鞋上也可以看到山的纹样。另一双私人收藏的刺绣云纹罗鞋上也有相似的纹样（图 100）。

（2）石

石经常与鲜花和鸟相伴，但有时会被花瓶或大山代替，如菱纹罗地压金彩绣花树鸟石。

（3）云

在辽代，云是非常流行的纹样，一般有两种不同的风格：一种是呈灵芝状的分散排列，另一种是成组的群山状的排列。

（4）水

作为龙或摩羯（也就是鱼龙）的背景，水波纹在辽宁法库叶茂台辽墓出土的山龙纹缂金（见图3）、内蒙古兴安盟科右中旗代钦塔拉辽墓出土的缂金水波地荷花摩羯纹绵帽（图101）等上都有发现。而在内蒙古阿鲁科尔沁旗辽耶律羽之墓中出土的织物上也有波浪纹，用作团凤和团狮纹的地。

◀图 100　刺绣云纹罗鞋

◀图 101　缂金水波地荷花摩羯纹绵帽
辽代，内蒙古兴安盟科右中旗代钦塔拉辽墓出土

6. 器物、文字及几何纹

（1）杂　宝

在内蒙古巴林右旗辽庆州白塔出土的红罗地联珠鹰猎纹绣（见图 69）中发现，主题纹样边还有大量珊瑚、犀角、法轮、双环等。这些纹样在南宋时期的许多织物中都有见到。所谓杂宝，是指各种带有一定含义的宝物。其含义来源于民间传说和宗教习惯，如七宝装饰，唐时是指七种珍贵的装饰材料，据《元量寿经》，七宝为金、银、珠、琉璃、珊瑚、玛瑙、砗磲七种，后来亦将珊瑚、玛瑙、珠等外形上能够区别的宝物用于图案，而金、银则用其俗形金锭、银锭或元宝的形象出现。但实际上更多地使用磬、鼓板、珠、方胜、犀角、杯、书、祥云、灵芝、画卷、叶、元宝等多种形象。

（2）绶　带

绶带可以打成结，有时又被做成团花状，由雁或鹿衔着，如盘绦纹绫（图 102）。绶带在辽代织物中运用广泛，同时在一些手帕，尤其是金属制品中也常用到。

（3）伞　盖

迄今为止，我们所知的辽代织物中只有一件伞盖纹的夹缬罗，收藏于法国吉美博物馆（见图 54）。但它在宋代史料中也可以见到记载。

▲ 图 102　盘绦纹绫（局部）
辽代，内蒙古阿鲁科尔沁旗辽耶律羽之墓出土

（4）文 字

"富""贵"和"万岁"等字在辽代都曾被作为纹样而用于丝绸装饰，通常是画上去的，但在内蒙古阿鲁科尔沁旗辽耶律羽之墓出土的织物中也发现有在织出的文字上再画上文字的情况。尤其值得注意的是，有些文字以极为漂亮的形象来表达，如在绮地泥金"龙凤万岁龟鹿"（见图58）中，"龙"就以一条龙的形象书写，而"凤"就以一只凤的形象书写。在黑龙江阿城金代齐国王墓中，可以看到有仿阿拉伯文字的图案在织金袍服中出现，而袖襕和膝襕的装饰应该是受到伊斯兰教装饰图案影响的结果（图103）。

▲ 图103 仿阿拉伯文字织金纹袖襕（局部）
金代，黑龙江阿城金代齐国王墓出土

（5）联　珠

联珠曾在唐朝早期非常流行，到晚唐时就销声匿迹了。但到辽代还是有人使用，尽管纹样的风格已改变了很多。当时的联珠纹包括内蒙古翁牛特旗解放营子辽墓出土的大窠联珠环纹锦（未见图案循环）、内蒙古科左中旗小努日木辽墓出土的小窠联珠团花纹绫、联珠四鸟纹锦以及红罗地联珠鹰猎纹绣（见图69）等。

（6）球路、琐子、工字和金银锭

根据北宋李诫《营造法式》的记载，这些纹样都属于琐纹，通常用作图案的地纹。内蒙古阿鲁科尔沁旗辽耶律羽之墓出土的织物上亦有这种纹样，表明这些纹样在晚唐时期就已经开始应用了（图104）。

（7）几何纹

菱形、之字形、回字形等都是中国历史上一直可以看到的几何纹样，也可以成为一些主纹样的背景。

图104　辽代织物中的琐纹复原
a 方格纹地四鸟衔花纹锦纹样复原
b 雪花球路四鹤纹锦纹样复原
c 簇四球路纹绣纹样复原
d 琐甲地雁纹锦纹样复原

a	b
c	d

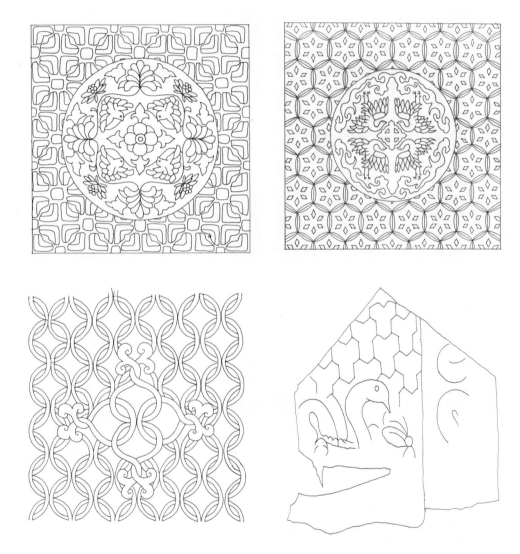

（二）图案排列

从唐代晚期起，丝绸图案的单元已经很大，产生了独立纹样，并和衣服的款式产生了紧密的关系，也就是说，许多纹样都以衣服的款式为基础进行设计。可惜唐代实物较为少见，但从辽代出土的大量袍服来看，当时大型的丝绸图案一般有两大类：一类是一幅之内左右对称的图案，适合中幅式的裁剪方法；另一类是一幅之内独幅图案，只是单向不对称，需要两幅织物才能组成对称的图案，宜采用对幅式的裁剪方法。两种图案又可根据图案的经向循环分为一段式、二段式和多段式三种。

1. 独幅图案

（1）一段式

一段式的对幅式裁剪只发现一例，但这是非常特殊的一例，需要花大笔墨来描述。此件织物出土于内蒙古阿鲁科尔沁旗辽耶律羽之墓，可被称为"花树对狮鸟纹绫袍"（见图36）。

这件绫共发现残片10余片，经过拼接后可基本复原其袍服的款式和基本图案。其款式可以做如下描述。绫袍的款式为盘领左衽窄袖，衣长约为150厘米，胸围约为70厘米，下摆约在100厘米，袖的情况不清，但应为窄袖。此衣存有较多的素绫残片，推测可能是交叉片所用。衣服上的图案是一种织成式的作品。图案经向长约124厘米，如加上间隔则可达150厘米，纬向宽为36厘米，但织物幅宽应大于46厘米。图案沿织物幅边处为一枝干向上的石榴花主干，树枝上栖有三鸟，似为山鹧鸪之类，树下有一狮子，右足置一绣球上。图案的另一半虽然已残，难以复原，但可以从部分残片中推知，两边的风格是一致的，但图案较窄，纹样相对简单，只有一鸟，无狮。因此，我们可以知道，宽图案是为大片（内左片、外右片或后身两片）而设计的，窄图案是为小片（外左及内右）而设计的。在背后都用宽图案，而在袖上则都用窄图案，因此，袍的前后身都有完整的图案。

这种完整图案的设计应该是一种新的设计形式，其图案按照服装款式的要求来进行设计，织成之后的裁剪就十分方便了，可以说这就是织成袍。这也是我们能够看到的最早的真正的织成袍形式。组织是以 5/1Z 斜纹为地的妆花织物，用于妆花的绒丝颜色与地一样，也是紫黑色，它与地经络结的规律是 1/5Z。织物有一边幅边，宽 1.8 厘米，绒丝就从这一幅边开始，到另一端则是随图案的结束而返回。这件织物的图案循环应该是在 240 厘米以上，是我们目前所发现的最早的最大织物图案循环。

（2）二段式

独幅图案多用于对幅式裁剪，但独幅图案中最为常见的是二段式，这样的例子在内蒙古阿鲁科尔沁旗辽耶律羽之墓出土物中非常多，最为典型的是云山瑞鹿衔绶纹绫袍（见图 92）。单幅织物的图案是衔绶而奔的瑞鹿及云山，其纬向循环通幅，但经向高度约为 68 厘米，两组图案间有空隙，约为 5—10 厘米，图案循环则在 75 厘米上下。复原后的袍子长约 150 厘米，刚好是两个经向循环。

从复原后的绫袍来看，其背面的中轴两边的图案是严格对称的，而在前面的内襟和外襟均有一个完整的奔鹿，但其内左片上的鹿并不完整，而且与内右片上的奔鹿同向，不是很美观。此袍为缺胯袍，交叉片高约80厘米，为无纹素绫，上窄下宽，各为14厘米和30厘米，此外，绫袍的袖子和领子似亦无纹，看来此绫织有较大面积的素地部分用作领袖，因为织物的图案较大，而领袖等面积较小，如将图案裁破，则不甚美观。此袍最终的胸宽约70厘米，下摆宽约100厘米。

与此相似的是私人收藏的一件竹下孔雀纹绫缺胯袍，服装虽然已残，但从当时图案与款式的规律中我们还可以对其做出复原。竹下孔雀单个纹样的宽度约为31厘米，竹中心处一边为幅边，纹样高约50厘米，纹样的经向间距可达约25厘米或更大，缺胯高为73厘米，交叉片上下各宽12厘米和20厘米。这也是非常典型的二段对幅式缺胯袍。

（3）多段式

多段式的对幅裁剪法与二段式基本一致，实例之一是内蒙古阿鲁科尔沁旗辽耶律羽之墓中出土的大雁纹绫袍（图105），它为交领左衽缺胯袍。织物的面料是一站立的大雁，无任何其他背景，大雁高约为35厘米，宽约为30厘米，有左右向两种，雁首处为幅边，而雁后部已被裁剪。两雁之间的间距为15厘米左右，如此计算，一件袍的长度中可排列三组大雁。另据发现的一片袖子残片看，此件袍的袖子部分亦有大雁纹样，而且一只大雁为一只袖子，大雁横排。出土文物中没有发现作为缺胯袍的交叉片，但根据当时大量的同类袍来判断，此袍应为缺胯袍。

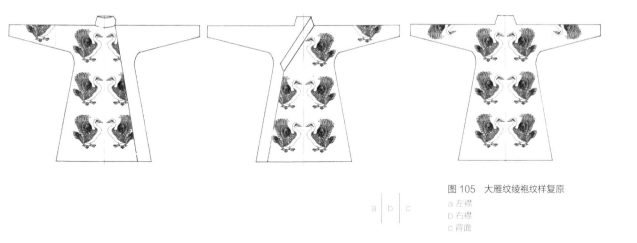

a | b | c

图 105　大雁纹绫袍纹样复原
a 左襟
b 右襟
c 背面

2. 对称图案

凡织物为独窠图案或是其他形式的对称图案，一般会采用中幅式裁剪法，以保持中心图案的完整性。这样的织物发现不少，但服装的实例却不是很多。一般来说，这样的袍型不会是缺胯袍，因为将织物在中线处破开后制作缺胯的交叉片会大大破坏图案的完整性。从已知的实例来看，我们可以将其分为宽袍式和窄袍式两种形式。

（1）宽袍式

目前所知的宽摆式窄袖袍均出自内蒙古兴安盟科右中旗代钦塔拉辽墓。其中有两件锦袍都采用这一裁剪方法。雁衔绶带纹锦袍（图 106）是最为典型的一件。

雁衔绶带锦基本组织为 5 枚缎纹纬二重，应有 7 种颜色。图案甚大，为 1 对衔有绶

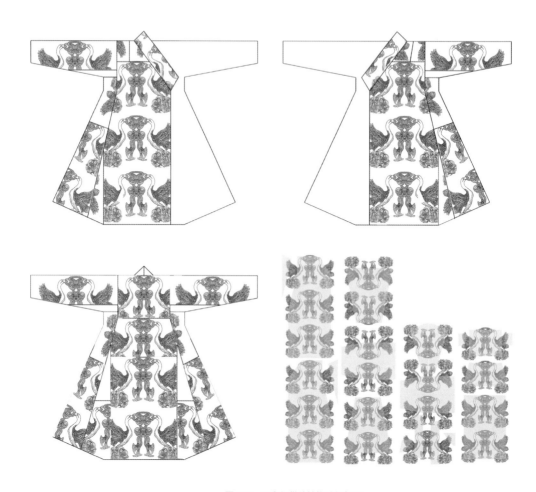

图 106　雁衔绶带纹锦袍纹样复原

a	b
c	d

a 左襟
b 右襟
c 背面
d 纹样

带的大雁，造型非常漂亮，纬向宽度约 70 厘米，经向高度为 40 厘米，雁之间的间距为 4—5 厘米，这样在袍高 147 厘米上可以布置 3 对雁，但还稍有空隙。因此，裁剪者采用了变通的方法，在正面的外襟与内襟处各布置 3 对大雁，靠肩部处则拼接其他残片，但在背面，由于这是一个整体，裁剪者布置了 4 对大雁，但如果布置 4 个完整循环的大雁就会显得太长，因此，裁剪者又裁去了上面 2 对大雁之间的间隙，使得背后的图案看起来基本完整。由于宽摆很大，袍下摆的侧面也有很大一部分会露在外面，因此裁剪者在这一部分也安排了完整的对雁，近下摆处共 2 对，甚至在下摆的三角形区，也各采用了 1 只雁，显得比较完整。至于袖的部分，也有对鸟，正背各 1 对，只能看到雁的上部，下部被裁，但在两对雁之间却是连续织造的，说明织物图案在此处转向，也体现了织物图案与款式的关系。如此，共有 20 对雁被用于 1 件袍子，约需 10 米长的织物，可知其用料之费，远大于其他两种形式的开衩或是缺胯袍。

同墓所出还有 1 件交领宽摆袍，用的是普通的重莲童子雁雀纹锦，图案经向循环为 25 厘米，纬向为 14 厘米，也就是说一幅内约有 4 个纹样循环。它的裁剪方法与同墓所出的雁衔绶带袍非常近，背后中间是整幅织物，宽约 56 厘米，两边各由 2 幅织物样拼接而成，前面外襟和内襟的裁剪方法相似，居中为整幅织物，靠边再是 2 幅。与上件不同的是，此袍还有高约 77 厘米的开衩。

（2）窄袍式

内蒙古阿鲁科尔沁旗辽耶律羽之墓出土的葵花对鸟雀蝶妆花纹绫袍非常完整，是窄摆式开衩袍采用中幅式裁剪法的典型实例。该袍为圆领，左衽。袍总长 155 厘米，通袖长约 224 厘米。窄袖，右袖完整，左袖稍有残缺。右袖长 78 厘米，其中袖口部分长 32 厘米，袖口宽 13 厘米。此袍胸围 68 厘米，自胸而下渐宽。下摆处总宽为 100 厘米，外襟和内襟的下摆宽均为 94 厘米。两侧高约 80 厘米处开衩。领宽约 10 厘米，内襟斜领，有带可以系缚。外襟圆领，领子外端有纽，与领后扣襻相配。外襟下还有两颗纽，位于左胸前。

此袍所用面料为葵花对鸟雀蝶妆花纹绫。其图案极大，左右对称通幅，幅宽约为 70 厘米，经向循环约为 77 厘米。图案中心为一枝三杈的秋葵花树，树下对称地各有两只一昂一俯的白鸽，绕花之周还有许多蝴蝶、蜜蜂和雀鸟飞舞。袍的后身中部恰好是完整的面料，长度为两个图案循环。外右片和内左片均由后身连续而来，并居中裁开，分别再与另外两小片相连后完成外襟、内襟。由此可见，在此类中幅式裁剪法中，他们注意的只是在正面和背面的主要图案，而对袖部和领部等的要求并不是很高。

3. 团窠图案

团窠图案是唐代以来的标准官袍面料，在制作袍子时，一般会做成双窠袍。这类形象在同时期的绘画中极多，从《簪花仕女图》和《韩熙载夜宴图》等来看，唐末侍者有的穿着有上下两窠大团花的袍子，团窠图案的主题是对雁，另李公麟的《二十四孝图》

中也有军人模样的人穿着带有上下两个团窠的长袍，团窠主题也是对鸟。再从出土实物看，如此纹样的袍子还不少，但大部分都是以刺绣来完成的。也有看到用织物的独窠图案，可能也是用于双窠袍的，一般应该用中幅法进行裁剪。但是，刺绣时所作的双窠袍剪裁法，与中幅式又不相同。

辽代的刺绣双窠袍实物已知共有6件，均是罗地，大多作蹙金银绣，又称"盘金银绣"，少量为彩绣。这6件为1件对龙、2件对凤、1件对飞马、2件对雁，大部分均为残片，但多可以复原出袍的原貌。

两件团窠对雁双窠袍均出自内蒙古阿鲁科尔沁旗辽耶律羽之墓。一件为球路地上的团窠卷草对雁，球路地由彩色丝线绣成，而对雁由蹙金绣绣成，地织物为黄色罗，此件织物很难复原；另一件是紫罗地上的团窠对雁蹙金绣，基本上是纯的金线，还有极小部分的银线，只作雁眼和团窠环卷草上的结。同样的残片在法国吉美博物馆也有收藏。第二件经拼复基本可以得到此袍的大约情况。其总体是圆领左衽，背后上下各两团窠，直径约在55厘米，外襟上下也是两团，内襟可能少一团，两肩上应有两窠，但略小，直径约在35厘米，袖口处似无团窠。团窠间有辅花相配。由此来看，前一件球路地团窠对雁的情况亦应相似。中间应是大窠的对雁，直径在45厘米左右，而肩部为较小的团窠，直径约30厘米。

两件对凤的刺绣袍相对来说均较为完整：一件是私人收藏的紫地蹙金绣盘凤纹罗袍，另一件是美国克利夫兰艺术博物馆收藏的黄地彩绣对凤纹罗袍。两者均为两窠袍，正面和后背的两窠较大，而肩部及袖口的团窠较小。紫地蹙金绣盘凤罗袍上位于前身和后背部的盘凤为双凤逐火珠，而位于肩部及袖部的团凤为独凤，这种肩部和袖部均有小团窠的袍子较一般的双窠袍多两团窠（图 107）。一般认为，凤是女性的象征，在辽代多用于贵族女性服用，特别是皇后服用。王鼎《焚椒录》中记载，辽道宗懿德皇后身着"紫金百凤衫"，这里的紫金百凤衫，当与此件袍相仿。而后者的团窠对凤采用压金彩绣，前身后背为对凤，但在肩部为小团的单只立凤，团凤之外还有钉金绣的云纹地。

最为精彩的是黄地蹙金绣团龙纹罗袍（图 108），其布局与紫金盘凤袍相似，主要纹饰区为双龙戏珠，一升一降，中间是火珠，直径为 36—40 厘米，同时用卷枝纹或卷云纹作地。肩部及袖部有较小的团龙，共四窠，但目前还不能知道为独龙还是双龙。我们知道，龙袍一般由皇帝所服。虽然辽代皇帝的袍服纹样未被记载下来，但这件龙袍还是我们现今所知最早的龙袍。

其实，团窠是当时非常流行的一种图案形式，自唐以来就是如此，唐代史料中的独窠绫等名称也可以在辽代绫织物中得到印证。如内蒙古阿鲁科尔沁旗辽耶律羽之墓出土的独窠对孔雀纹绫的料子，可能正是唐代晚期官服中的双孔雀绫。无疑，这种独窠式的图案应该是用作当时的袍料的，而且这种袍子就是当时非常流行的双窠袍，但它采用的裁剪方法一般是中幅式。

图 107　紫地蹙金绣盘凤纹罗袍
辽代
a 正面
b 背面

a | b

▲ 图 108　黄地蹙金绣团龙纹罗袍
辽代

（三）主题组合

1. 纹样的外形

作为由唐代传承下来的一个传统，团窠到辽代依然是最流行的纹样单元。传统的团窠式样一般有一个环，通常由花卉或联珠围成，这样的团窠环在辽代继续使用。但新的潮流使团窠环有了许多改变，变得更细，风格上更自由，甚至无环。在这种情况下，主题纹样和其他二级纹样合在一起形成一个团窠。

进一步来看，有些纹样单元的外形更为灵活，除团窠外还有四瓣柿蒂、菱形、梭形和没有任何限制的自由外形。根据辽之后的史料记载，在金元时期所有这些纹样均可被称为"搭子"，因此这些纹样都被称作"搭子纹样"。从此以后，消费者只知道纹样的形状是块状或点状，再也不关心它们是否仍为一个团窠。

单独纹样很简单但并不常用。人物纹样通常是单独使用的，如舞人、道士和骑士，而鸟兽纹样一般相对排列，尽管朝着一个方向的排列也有存在。

在一般情况下，辽代织物的图案设计是对称的，如花树之下的对鸟或对兽（或站或蹲），这应是从唐代延续至宋辽的一个传统。不过其图案元素的起源似乎更早，实例包括葡萄花树对鹿纹、花树狮鸟纹、莲下鸳鸯纹、葵花鸽子纹等。有时图案中间没有树或花，比如雁衔绶带纹锦上的纹样。

晚唐至辽初的一项创新是主题纹样同时在经向和纬向都对称，也就是上下左右四面对称的纹样。比如，一个花鸟团窠纹样是由四只翔鸟和四朵对称的花组成的。此时，只要利用花本控制纹样的经向循环，并用多把吊控制纹样的纬向循环，这样的纹样在一台成熟的提花织机上要制成并不困难。

唐代晚期至辽代的另一项创新是纹样的旋转循环，即数学上所谓的中心对称。这种纹样通常呈团窠形状，一般有一对鸟或花环绕，每个都朝同一方向飞翔或旋转，或顺时针，或逆时针（图109）。这种造型似乎和太极图有关，而事实上它在唐代晚期才出现。这一组合的最早发现是陕西扶风法门寺地宫出土的874年的一件小团窠鹦鹉纹锦。在辽代，越来越多的团窠设计采用了这种方式。甚至有每隔120度要重复一次的三重纹样也在辽代织物中出现，如内蒙古巴林左旗辽上京遗址出土的一件红色印花绢。

图 109　辽代织物中的飞翔或旋转纹样复原
a. 旋转飞凤纹绫纹样复原
b. 小团花卉纹刺绣纹样复原
c. 红色印花绢纹样复原

a
b
c

由于越来越多的自然纹样得到使用，织物设计趋向于更加自由地来表现一种大型景象，例如绣有飞鹰逐鹿、双鹿山脉以及飞翔着的长绶鸟的刺绣。这些都受到了辽代风俗的影响，如秋山狩猎和春水捕雁。根据《金史》，金人服装上的春水秋山纹样，正是从辽代的传统而来。

2. 散点纹样的排列

如果一个图案仅由一个单元构成，那么它的布局就相对简单。事实上，在辽代织物中应用的纹样往往超过一个主题纹样，同时又有一些二级纹样，因此单元的布局要根据纹样的组合和位置不断变化。

（1）二二正排

所有的主题纹样按经线和纬线严格排列，这就称为"二二正排"。在正排中，主题纹样可以是一种，也可以是两种不同的类型，或者是两排类型相同但方向相反的单元。一般情况下，一些二级纹样就会被安排在主题纹样之间的间隙中。这里，我们将介绍不同的排列布局方式（图110）。

A 型：只有一种主题纹样二二正排。

Aa 型：一种主题纹样二二正排，二级纹样穿插其中。

AB 型：两种主题纹样同等地二二正排。

AaBb 型：两种不同的主题纹样（或同一种主题纹样但不同方向）进行二二正排，两种不同的二级纹样穿插其中。二级纹样也可以比主题纹样更大。

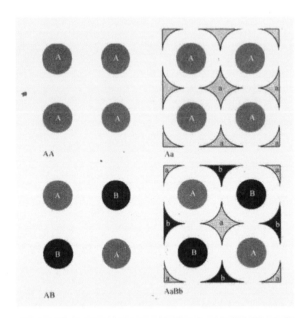

▲图 110　不同形式的二二正排

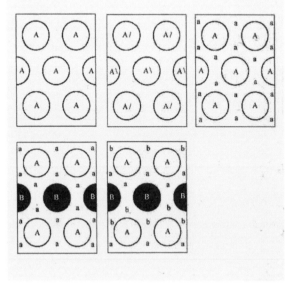

▲图 111　不同形式的二二错排

（2）二二错排

主题纹样在这种形式的排列中称为"二二错排"，这可能是辽代织物中最受欢迎的设计方法。根据每个纹样单元的外形，可以将其分成三种主要的类型——圆形、方胜和球路，其中每一类型均有一些变化（图111）。

团窠的二二错排，从二二正排演变而来，许多不同形状的独立单元与团窠单元的排列方法是一致的，因此不再专门介绍。

AA 团窠类型：一种主题纹样二二错排，有时包括那些方向不同、颜色不同但纹样相同的主题纹样。

Aa 团窠类型：一种主题纹样二二错排，伴随一种二级纹样，二级纹样之间会结合成类似六角形的框架。

AaB 团窠类型：两种主题纹样二二错排，一种二级纹样穿插，除了有两种不同的主题纹样外，它和 Aa 类型很相似。

AaBb 团窠类型：两种主题纹样二二错排，伴随两种二级纹样。但它不如 AaB 类型流行。

3. 特殊的纹样结构

（1）方胜排列

方胜骨架的实例也有不少。内蒙古阿鲁科尔沁旗辽耶律羽之墓出土的婴戏牡丹方胜兔纹绫的图案非常难得，其骨架是将球路骨架中的尖窠变成方格，将梭窠变成条格，这样就形成了两个方格中的主题纹样区和一个条格中的宾花纹样区，我们称其为"方胜骨架"。两个主题纹样区中再行分割，一按对角线被分为四等分，各置奔兔或卧兔一只，共四只。另一按 45 度角作内切正方形二次，最后形成八个三角形和一个正方形，位于中心的正方形区域是一正面的团花，最外面的三角形区域中各有一只系有彩带的绣球，其余的三角形则由小花填置。此图案中最为引人注目之处为条格中的婴戏牡丹纹样，婴童穿上衣下裤，围系肚兜，左右两手各攀一枝牡丹，身体倾斜，显得用力并活泼可爱，这是目前所知最早和最为清晰的丝织婴戏图案（图 112）。它可以被称为"AaB 类型"，但是这里的二级纹样的位置是在 A 和 B 之间倾斜排列，这和 AaB 团窠类型有所不同。在内蒙古阿鲁科尔沁旗辽耶律羽之墓中可以找到一些这种排列方式的绫织物，一般称为方胜排列，如卷草奔鹿方胜八鸟宝花纹绫、奔鹿方胜花鸟纹锦。

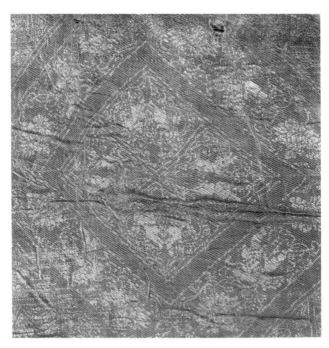

▲ 图 112　婴戏牡丹方胜兔纹绫（局部）
辽代，内蒙古阿鲁科尔沁旗辽耶律羽之墓出土

（2）球路排列

球路的名称在宋代史料上出现极多，从《营造法式》所记四斜球路等名可知，所谓的球路纹事实上是以圆圆相交为基本骨架而构成的图案。内蒙古阿鲁科尔沁旗辽耶律羽之墓出土的球路孔雀四鸟纹绫在整体上以簇四球路为结构把空间区分成两个呈尖窠状的第一主题纹样区和第二主题纹样区，还有呈梭窠状的宾花纹样区（图113）。两个主题纹样区的大小、主次并无分别，一个是花丛的4只长尾练鹊，另一个是花丛中的4只短尾雀鸟。宾花区的外形为梭窠，又可称樗蒲窠，为一两头尖、中间大的形状，主题是1只回首展翅的孔雀。这一图案可以被称为"AaB球路排列"：两种主题纹样以变化的菱形排列成两行，一种二级纹样以梭形穿插在缝隙中。

而另一件簇四球路奔鹿飞鹰宝花纹绫也是1件以簇四球路作为图案骨架的作品，由球路划出的空间却变成4个尖窠的主题纹样区和8个梭窠的宾花纹样区，4个尖窠的纹样区分别是一对飞鹰和不同的宝花，8个梭窠纹样区则是各种姿势的奔鹿，鹿身长翅，有回首者，有前奔者。由于图案的簇四骨架较小，尽管参与的主题纹样较多，但其循环仍比簇四球路奔鹿飞鹰宝花纹绫（图114）更大。这类图案排列应称为AaBbC球路排列：A和B这两种主纹样以菱形在一排中交替出现，第三个主题纹样C在另一排中。A和B这两种纹样各自被两种梭形的二级纹样包围。

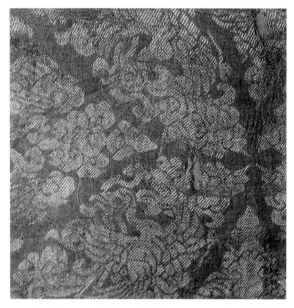

◀图 113　球路孔雀四鸟纹绫（局部）
辽代，内蒙古阿鲁科尔沁旗辽耶律羽之墓出土

◀图 114　簇四球路奔鹿飞鹰宝花纹绫（局部）
辽代，内蒙古阿鲁科尔沁旗辽耶律羽之墓出土

（3）龟背排列

自宋辽时起，由主题纹样二二错排的排列形式渐渐开始流行。这种排列形式首见于内蒙古阿鲁科尔沁旗辽耶律羽之墓出土的辽代织物。如琐甲地瓣窠团花纹锦，这是一种锦地开光式的图案，在琐甲纹地上进行开光，窠内四周为一圈枝叶、侧花和 4 只飞鸟衔花（见图 104a）。另一种是二二错排的清地团窠图案，地部没有别的纹样，所以称为清地。

但是，还有一类二二错排的图案在主题团窠周围绕满各种纹样，如云纹、缠枝纹、花卉纹，由于其宾花缠绕相连，很容易被看成一种六边形的骨架。内蒙古阿鲁科尔沁旗辽耶律羽之墓出土的遍地细花八瓣龟莲纹锦的图案布局是一个主题纹样的二二错排，然后再在空隙中填以遍地杂花，此时的空隙相连后就形成了一个类似龟背形的骨架。作为主题纹样的八瓣宝花继承了唐代宝花的雍容大度的风格，与佛教中的莲花风格一致。如果将其与龟背骨架一起考虑，可以推测这一主题纹样可与史料中的"龟莲"相对应。团窠之外的空隙中遍布各种细小的花卉，可能就是史料中所载的"细花"或是"遍地杂花"。类似的实例还有内蒙古兴安盟科右中旗代钦塔拉辽墓出土的遍地花卉龟莲童子雁雀浮纹锦（见图 89），其图案也是采用龟背式的骨架，空隙处为如菊花状的花朵，用少量枝叶相连接。重莲纹样共有两种，它们在圆心处都为一完整的八瓣团窠莲花，圆心之外还有一圈花瓣，四瓣正面全露，四瓣半露。一个重莲的全露莲瓣中装饰的是对雁，半露莲瓣中为飞雀，另一个重莲的莲瓣中则装饰了两个持花的童子，而且其造型还特别生动可爱。

五

辽金丝绸的历史地位

中国历代丝绸艺术

　　辽金虽然位于北方，但位于中国历史发展的重要时期，也位于丝绸之路交流的重要地点，所以很有必要对其在历史和空间上的地位做一分析，看看其在中国丝绸艺术发展与交流中的作用和地位。

（一）辽代丝绸与唐代的关系

　　契丹人至迟 3 世纪起就一直生活在中国的北方，到唐朝与中原政府保持着十分密切的关系。当耶律阿保机成为部落首领的时候，他攻打了许多唐的边城，掳掠了大量汉人来到契丹境内，这给契丹部落带来了极为深远的影响。唐天祐二年（905 年）10 月，唐河东节度使李克用派使者与契丹结盟，耶律阿保机"以骑兵七万会克用于云州，宴酣，克用借兵以报刘仁恭木瓜涧之役，太祖许之。易袍马，约为兄弟"[①]。这是所见最早的契丹人得到中

[①] 脱脱，等 . 辽史 . 北京：中华书局，1974：2.

原丝绸服装的正式记载。此后，特别是在耶律德光时期，契丹又不时地进攻中原，并大肆掠夺，并于辽会同元年（938年）从后晋手中得到了燕云十六州。辽会同九年（946年），耶律德光又一次南侵，占领后晋首都汴州（今河南开封），并于次年掳"晋诸司僚吏、嫔御、宦寺、方技、百工、图籍、历象、石经、铜人、明堂刻漏、太常乐谱、诸宫县、卤簿、法物及铠仗，悉送上京"①。至此，契丹有了大量从晚唐和五代来到契丹的织工来生产丝绸，唐代文化的影响无疑会出现在早期辽代的丝绸和服装上。

1. 继承唐代技术

总体来说，辽代的大部分丝绸生产技术均来自唐代，包括辽式纬锦，这已为发现于陕西扶风法门寺地宫中的唐代丝绸所证实。暗花织物上的2-2织法也是一样。我们相信，大部分辽代的丝绸种类应该已在唐代晚期出现，尽管出自陕西扶风法门寺地宫的大量织物尚未被整理发表。否则，辽代初期的织工不可能生产出如此成熟的织物来。

织物用金也出现在晚唐，辽代织绣中所用的制作捻金线的方法，平绣针法、钉金绣以及压金彩绣等也和唐代纺织品上的完全一样，或者说是继承了唐代皇家丝绸生产的传统。此外，辽代罗织物上的贴金方法也和陕西扶风法门寺地宫出土唐代织物上的贴金完全一样。

---

① 脱脱，等 . 辽史 . 北京：中华书局，1974：59-60.

2. 沿袭丝绸图案

显然，大量唐代图案被契丹设计师继续使用甚至被发展。例如，辽代丝绸上的小花和宝花纹样，以及团窠之中的旋转重复（后世称为"喜相逢式"）也都是在唐代最先出现的。将陕西扶风法门寺地宫出土的小团鹦鹉纹织锦（图 115）与辽代的双凤团窠图案相比较，我们注意到其旋转重复的手法如出一辙，不管是凤凰还是鹦鹉。

内蒙古巴林右旗辽庆州白塔出土的刺绣团龙图案无疑也与唐代铜镜上的龙纹有着相同的风格，甚至是始于北朝或初唐的联珠纹仍然为辽代织物所使用，所以，我们很难区分晚唐和辽初的纺织品图案。

3. 与唐代服饰一脉相承

尽管没有出土的实物，但从唐代史料中我们还是可以了解到，一种盘领、背后下摆带有开衩的缺胯袍被用作将军和一般人的服装。辽代服装上的盘领以及开衩应该与唐代是一致的，唯一的不同是开口的方向，唐代是右衽，而辽代是左衽。但这里只是相似，很难说辽代是唐代的继承。

辽代袍服依然使用唐代的图案，例如，在内蒙古兴安盟科右中旗代钦塔拉辽墓和内蒙古阿鲁科尔沁旗辽耶律羽之墓中均有出土的雁衔绶带锦袍都可被看作从唐代的官服体系的延续。唐德宗时（779—805 年），"赏赐节度使时服，以雕衔绶带，谓其行列

◀图 115　小团鹦鹉纹织锦（图案拼合）
唐代，陕西扶风法门寺地宫出土

有序，牧人有威仪也"①。这条史料在《唐会要》里稍有不同："顷来赐衣，文彩不常，非制也。朕今思之，节度使文，以鹘衔绶带，取其武毅，以靖封内。观察使以雁衔仪委，取其行列有序，冀人人有威仪也。"②这一记载到唐文宗时（826—840年）有所改变："袍袄之制，三品以上服绫，以鹘衔瑞草、雁衔绶带及双孔雀；四品、五品服绫，以地黄交枝；六品以下服绫，小窠无文及隔织、独织。"③其中的雁衔绶带是前述鹘衔绶带和雁衔威仪的结合。没有任何证据表明这一制度在晚唐或是五代被改变。很有可能这一织物在后唐时由唐朝仓库里转到后唐的库房，而在耶律德光于936年南侵时又掠到契丹。另一件可能是由三品官员所穿的独窠牡丹对孔雀纹绫可能也来自唐代。此外，两个大团窠用于一件长袍的情况也是唐代的一个传统，这在一些晚唐时期的绘画作品中可以看到。

色彩也是官服的一个重要因素，不同等级的官员应该穿上不同色彩的官服。唐高祖时（618—626年）天子以赭黄袍为常服，稍用赤、黄，但禁臣民服。而亲王及三品、二王后，色用紫；五品以上用朱，六品以上色用黄，六品、七品服用绿，八品、九品服用青。显庆元年（656年）之后以紫为三品之服，绯为四品之服，浅绯为五品之服，深绿为六品之服，浅绿为七品之服，深青为八品之服，浅青为九品之服。在这一系列中，紫色被用作最高的等级，同时也为一般人所仰慕，有时，皇帝也赏赐这类丝绸给有突出贡献的官员。因此，高层官员为紫色袍服而骄傲，一般

---

① 欧阳修，宋祁．新唐书．北京：中华书局，1975：531.
② 王溥．唐会要．北京：中华书局，1960：582.
③ 欧阳修，宋祁．新唐书．北京：中华书局，1975：531.

人们也很喜欢把自己的服装染成紫色，"朝班尽说人宜紫，洞府应无鹤着绯"。直到辽代，"皇帝紫皂幅巾，紫窄袍，玉束带，或衣红袄；臣僚亦幅巾，紫衣"[①]，在文武官员的服色等级制度中，紫袍用于五品以上，六品以下为绯衣，八品九品为绿袍 。这是我们从许多达官显贵墓中发现如此多的紫色袍的原因。

（二）辽代丝绸与金代的关系

同样生活在东北地区、曾属于契丹统治的女真人在 12 世纪初逐渐变得强大而灭辽，但两者之间在丝绸技术和图案上，有着十分明显的沿用和发展关系。

1. 加金织物

通过《金史》记载及黑龙江阿城金代齐国王墓出土的实物，我们可以充分了解金代纺织品的特点。虽然辽式纬锦在金代依然生产，但更为常见的是在平纹地及斜纹地上织入片金纬线，其组织与内蒙古赤峰大营子辽赠卫国王墓中发现的基本相同，这类地络类加金织物在唐代并不多见，而在辽代就十分普遍。

在金代织物中，也经常可以看到妆金的方式，黑龙江阿城金代齐国王墓有大量的妆金织物出土。但有时我们可以看到金箔之下有背衬，很像是纸质，但有时就看不到任何痕迹。这可能是当金的用量越来越大，金箔越来越薄，而制金和织金的熟练工匠在

---

① 脱脱，等 . 辽史 . 北京：中华书局，1974：906.

战争中又青黄不接的时候，金代的织工开始使用背衬来加固金箔。妆金的组织也是地络类纬插合，这一直沿用到元代，从内蒙古达茂旗大苏吉乡明水墓出土的元代纺织品，甚至是甘肃漳县出土的元代纺织品中都可以看金代与元代妆金织物的相似。

虽然金代没有绣金的实物发现，但我们还是可以通过《金史》知道，当时最为流行的刺绣方法是彩绣外加钉线绣，史料中称为压金彩绣，这在辽代也十分流行。更为惊奇的是其刺绣的过程也基本一致，刺绣以平纹绢为面（刺绣的底面），罗为衬，以支持表面的绢，这在《金史》也有记载。此外，两朝的印金也基本相同。

2. 图案设计

作为织物图案，春水秋山首见于《金史》："其胸臆肩袖，或饰以金绣，其从春水之服则多鹘捕鹅、杂花卉之饰，其从秋山之服则以熊鹿山林为文，其长中骭，取便于骑也。"[1] 但这无疑是从辽代继承下来的。雁、鹤、长绶鸟、云、龙，以及鹿等这些可在辽代织物上常见的纹样在金代依然占据主导地位。

起源于辽代的搭子图案也在金代官制中被用作等级的标志。大定官制："三师、三公、亲王、宰相一品官服大独科花罗，径不过五寸，执政官服小独科花罗，径不过三寸。二品、三品服散搭花罗，谓无枝叶者，径不过寸半。四品、五品服小杂花罗，谓花头碎小者，径不过一寸。六品、七品服绯芝麻罗。八品、九品服绿无纹罗。"[2] 这里用团窠大小区别一品以上的重臣，而对于

---

[1] 脱脱，等.金史.北京：中华书局，1975：984.
[2] 脱脱，等.金史.北京：中华书局，1975：982.

二品、三品则用散搭花，就是当时最为流行的搭子图案。团窠图案是对唐代制度的继承，而搭子纹可能就是从辽代而来的。不过，金代将官服的体系发展得更远。

3. 服装款式

《金史》在提及妇女的服装时，曾有这样的评价："妇人服襜裙，多以黑紫，上编绣全枝花，周身六襞积。上衣谓之团衫，用黑紫或皂及绀，直领，左衽，掖缝，两傍复为双襞积，前拂地，后曳地尺余。带色用红黄，前双垂至下齐。年老者以皂纱笼髻如巾状，散缀玉钿于上，谓之玉逍遥。此皆辽服也，金亦袭之。"①因此，我们可以看到，大部分金代服饰与辽代的有着相同的风格，这一观点也为黑龙江阿城金代齐国王墓出土的齐国王服装所证实。

齐国王墓出土的所有袍子均是窄袖并带有背后开衩，这也和辽代的一致。其中一件在肩袖部和下摆处有着伊斯兰风格的图案带或与唐代和辽代所记载的襕袍有关，但唐辽的襕袍实物却是从未出土过真正的实物。另外，金国服色亦好紫，大定官制："文资五品以上官服紫""应武官皆服紫"。②当时入殿见皇帝时可以穿紫，称为"展紫"。"展紫"一词亦来自辽代，"公服：谓之'展裹'，著紫"③。黑龙江阿城金代齐国王墓出土的袍子都是紫色的，这在唐、宋、辽、金均是最高阶层的官服的象征。此外，齐国王及其妻子所用的裤子与辽代裤子的裁剪、拼接和缝合的方法亦均相同，

---

① 脱脱，等.金史.北京：中华书局，1975：985.
② 脱脱，等.金史.北京：中华书局，1975：982.
③ 脱脱，等.辽史.北京：中华书局，1974：906.

特别是当时称为"吊敦"的袜裤在辽金墓中均有出土（图 116）。

至于服装的装饰品，女真人用罗带，通常是印金的红罗。私人收藏中有与在黑龙江阿城金代齐国王墓发现的玉剑具类似的玉剑具罗囊。最有意思的是称为"玉逍遥"的、以黑罗饰玉制成的帽子，这也为女真妇女所沿用。与法国吉美博物馆收藏和中国内蒙古阿鲁科尔沁旗出土的两顶帽子相比较，金代的罗帽（图 117）的折叠和缝合的方法基本一致。后来在元帝图册中所示的和明水出土的元代风帽也与这些辽代帽子外形一致，只是在制作方法上稍有不同罢了。

（三）辽金丝绸与宋代的关系

1. 相似性

无疑地，辽金与同时期的周边王朝有着更为紧密的联系，特别是与宋的关系，其直接的联系和交流随着时间的推移而增加。在经历了长时间的战争后，在 1005 年的澶渊之盟之后，宋辽开始了一个和平的时期，一直持续到辽朝灭亡。在这一时期内，从中原地区迁移来契丹的织工已经适应了这种和平的生活，只是关注于丝绸的生产，也有不少当地的织工从汉人那里学习了技术，并形成了他们自己的风格，所以，辽代的丝绸总体上是与宋代同步，但小有不同而已。

由于辽和宋都从唐继承了大量的遗产，其纺织品技术基本上也是一致的。例如，辽式纬锦也广泛分布于相邻的疆域，不仅出自辽代全境，而且还在南唐时期的苏州云岩寺塔、10—11 世纪的

▲ 图 116　吊敦
金代，黑龙江阿城金代齐国王墓出土

▲ 图 117　罗帽
金代，黑龙江阿城金代齐国王墓出土

新疆阿拉尔、西夏时期的敦煌和银川，甚至在日本等地也有发现。其中一件极为突出的作品是现藏于辽宁省博物馆、有后梁贞明二年（916年）纪年的织成《金刚经》，长达7米。所有这些发现品显示这一技术在同一时期不同区域的强烈一致性。另外，与辽代相一致的其他织物如暗花织物、纱罗织物以及妆花技术等也在湖南衡阳何家皂北宋墓中发现。

更多的相似之处表现在同一时期的丝绸图案上。穿花童子的纹样不仅是发现在宋辽西夏的丝织品上，如内蒙古阿鲁科尔沁旗辽耶律羽之墓中出土的辽代婴戏牡丹方胜兔纹绫、湖南衡阳何家皂北宋墓出土的北宋金黄色牡丹莲蓬童子纹绫和宁夏银川拜寺口双塔出土的方胜婴戏纹印花绢，而且也可以在宋瓷纹样上找到。另一例子是在内蒙古巴林右旗辽庆州白塔出土的黄色梅花折枝纹绫，也可以在江西德安南宋周氏墓出土的丝绸上找到，如香色折枝梅花纹绮等。更多见于元代陶宗仪的《南村辍耕录》记载的宋代丝绸纹样，有不少都可以在辽代丝绸实物上找到，如所谓的遍地密花可以和内蒙古阿鲁科尔沁旗辽耶律羽之墓中出土的遍地细花团窠花鸟纹锦的纹样相对应，球路纹可与球路花鸟纹锦相比较，仙纹可能指的就是仙人道士纹样，如刺绣仙人跨鹤一类，而涛头水波纹可见于山龙纹缂金衾和水波地荷花摩羯纹缂金绵帽上的水波纹地。即使是记载于宋代造作监李诫《营造法式》中的琐纹里的簇六和簇四球路、琐子、簟纹、龟甲等，也已被大量地用作辽代丝织品的地纹。

2. 区别与交流

由于两宋时期的丝绸在北方几乎没有实物发现，因此很难具体说明辽金丝绸和两宋丝绸的真正区别，但有一些可以说明两者之间的区别与交流的证据必须指出。例如在内蒙古阿鲁科尔沁旗辽耶律羽之墓中发现的几何纹地上的团窠纹织锦，一般被后世称为锦地开光，它很可能就是宋代流行的宝照锦，也曾见于宋朝劳契丹人使物件清单中。另一个证据就是缂丝，它总体来说是一种由回纥织工引入契丹地区并在契丹当地进行生产的织物，但它也作为定州的特产被记载在北宋的史料中："定州织'刻丝'，不用大机，以熟色丝经于木棦上，随所欲作花草禽兽状。以小梭织纬时，先留其处，方以杂色线缀于经纬之上，合以成文，若不相连。承空视之，如雕镂之象，故名'刻丝'。如妇人一衣，终岁可就。虽作百花，使不相类亦可，盖纬线非通梭所织也。"[1]事实上，缂丝可能正是从辽地引入定州的，因为它离契丹边境最近。

而最大的不同在于其服装。事实上，辽代朝廷应用了两种服装制度，即契丹和汉人服装。这也反映了辽和宋服装的不同。契丹人的袍子是窄袖、窄摆、开衩、左衽，而宋人服装是宽袖、宽摆、右衽、不开衩。但契丹服装也曾给予宋朝很大的影响。在北宋政和七年（1117年），宋徽宗"又诏敢为契丹服若毡笠、钓墩之类者，以违御笔论"[2]。这也说明了契丹的某些服装款式也在宋人的疆域里应用很广，这正是双方交流的结果。

---

[1] 庄绰. 鸡肋编. 北京: 中华书局, 1983: 33.
[2] 脱脱，等. 宋史. 北京: 中华书局, 1977: 3577.

（四）辽金丝绸与周边其他政权的关系

1. 与回纥、西夏和高丽的关系

契丹和回纥之间有着极为密切的联系，现象之一是在辽上京有着专门供回纥商人及其他人（或许也包括织工）居住的回纥营。由回纥传入的缂丝技术也反映了在纺织生产方面的交流。此外，旅顺博物馆收藏的菱格斜纹纬锦也显示了两地之间的某些相似性。

辽和西夏的关系也因宋的存在而变得更加紧密。共有三位辽国公主嫁入西夏王室。由于西夏本地基本不产丝绸，因此，发现于西夏墓葬、佛塔及遗址中的纺织品基本上都是进口的，大部分应来自宋境，部分来自辽，而极小部分来自回纥。所以，我们可以在西夏发现的纺织品中找到大量与辽代丝绸的相似特点，如发现于西夏陵区 108 号墓中的辽式纬锦、黑水城的缂丝等。西夏佛塔中发现的方胜婴戏印花纹绢具有与内蒙古阿鲁科尔沁旗辽耶律羽之墓出土的方胜奔兔婴戏纹绫织物有着相同的排列和题材。黑水城发现的、现藏于内蒙古博物院的蓝地云雁杂宝纹夹缬也与内蒙古巴林右旗辽庆州白塔所出的云雁纹夹缬绢十分相似。

在耶律阿保机于 926 年攻占渤海国之后，渤海的织工也在辽的官营作坊中参与纺织生产，当时的祖州"东为州廨及诸官廨舍，绫锦院，班院祗候蕃、汉、渤海三百人，供给内府取索"[1]。同时，辽与高丽的关系也变得更为紧密，高丽与契丹之间的纺织品交流

---

[1] 脱脱，等 . 辽史 . 北京：中华书局，1974：442.

也非常频繁，使得两地生产的产品也非常相似。例如，山西应县佛宫寺木塔出土的"南无释迦牟尼佛"夹缬绢（见图5）与北宋使节徐兢出使高丽时在江边客栈看到的高丽生产的释迦牟尼像可能就是同一物品："高丽今治缬尤工，其质本文罗，花色即黄白相间，灿然可观。其花上为火珠，四垂宝网，下有莲台花座，如释氏所谓浮屠状，然非贵人所用，唯江亭客馆于属官位设立。"[①]

2. 与日本的关系

辽式纬锦除在辽金疆域发现之外，还在辽金之外的十余个地点发现，其中包括一些日本寺院。如985年制作于北宋台州，由入宋僧奝然带回日本京都清凉寺的赤地龙纹锦和双鸟丸纹锦，用于释迦如来像纳入五脏（肚）；京都仁和寺收藏的性信法亲王料横帔所用的三面宝珠羯磨纹样锦；京都圣护院智证大师像内纳入锦袋所用的红地七宝唐花丸纹锦；京都神护寺收藏的神护寺《一切经》经秩所用的菱唐花鸟襷[②]纹锦，《一切经》经秩中1枚有1149年墨书；岩手中尊寺的藤原基衡棺内贴裂[③]，为白地窠十字花锦，墓主逝世于1157年；广岛严岛神社收藏的严岛神社古神宝半臂所用的双凤丸蝶纹锦。

3. 与回纥的关系

在所有这些收藏之中，青海阿拉尔木乃伊墓的发现具有极为

---

① 转引自：赵丰.丝绸艺术史.杭州：浙江美术学院出版社，1992：83.
② "襷"指日本人劳动时挽系和服长袖的带子。
③ "裂"指织物残片。

重要的意义。根据魏松卿的研究①和我们的研究②，青海阿拉尔木乃伊墓出土的墓葬年代属于11—12世纪，宋时这里属于西州回纥和黄头回纥交界之处。墓中出土的几件纬重组织，可以分为两类，一类是标准斜纹纬锦，另一类是辽式斜纹纬锦，前者均带有中亚艺术风格，而后者均是典型的汉族风格。这一区别暗示了辽式斜纹纬锦起源于中原地区，而西域风格的纬锦依然在中亚地区使用，这类区别也可从甘肃敦煌莫高窟藏经洞的发现物中看出。

（五）金代丝绸与元代的关系

13世纪初，蒙古在东北崛起，最后灭金、灭西夏、灭宋，统一中国。但元代用的丝绸还有大量沿用了中国北方特别是辽金的风格。

1. 用金织物

元代以爱好用金而著称，但从元代的织物来看，当时的加金织物可以明确地分为纳石失和金缎子两类，而金缎子一类，正是继承了辽金的传统。元代文献已经把金缎子与纳石失分开。当时，每逢年节，各衙门要向皇帝进奉，在中书省的新春贡献里，就分别有"纳阇赤九匹"和"金段子四十五匹"。即令到明初，人们仍不把两者混做一谈，在缕述缎匹名目时，会列出纳石失和六花、

---

① 魏松卿. 考阿拉尔木乃伊墓出土的织绣品. 故宫博物院院刊，1960（2）：153-164.
② 赵丰，王乐，王明芳. 论青海阿拉尔出土的两件锦袍. 文物，2008（8）：66-73.

四花、缠项金缎子，还有纻丝，等等。由此可知，纳石失与金缎子不同，并且，这应当是对纳石失明初依然生产的提示。

从出土实物分析，元代加金织物一般可分两类：中国传统的地络类织物和新出现的特结类织锦。前者是平纹地或斜纹地上用地经进行固结的加金织物，其所用金线常为片金；后者用两组经丝，一组与地纬交织，起地组织，一组用以固结起花的金线，这种金线可以是片金，也可以是捻金。典型的金缎子属于前者，典型的纳石失属于后者。

从台北故宫博物院收藏的《元世祖出猎图》上忽必烈及皇后察必以及同行出猎各人的服饰来看，他们穿的都是地结类织金织物，这正说明了同是蒙古贵族，处于东部的忽必烈们的服饰特点，用的织金也是东方体系，这种东方体系，正是从辽金一脉相承的。

2. 搭子图案

搭子是一种散点式的单独纹样，"搭"在当时也被异写为"苔"或"答"。搭子图案初见于金代，在黑龙江阿城金代阿城齐国王墓所出的就是大量的搭子图案。但到元代，搭子图案用得更多，更小。元《通制条格·衣服》载："职官除龙凤文外，壹品贰品服浑金花，叁品服金答子。……命妇衣服，壹品至叁品服浑金，肆品伍品服金答子，陆品以下惟服销金并金纱答子。"[1] 可见搭子应该是一种金元时期较为常见的丝绸图案类型。搭，元明时也

---

① 通制条格.黄时鉴，点校.杭州：浙江古籍出版社，1986：135.

用为量词,作"块""处"解。浑金花是织金纹样相连的图案,金答子也就是指一块块面积较小、形状自由的散点饰金图案。搭子与团窠等有着一些不太明确的区别:一是外形不一定是圆;二是面积较小;三是经常以用金的方法来装饰,如织金、印金之类;四是其中的纹样比较自由灵活;五是无宾花和地纹。在出土的实物中,饰搭子图案的元代丝绸为数不少,采用的装饰手法常为织金和印金。织金的搭子纹样大量出现在甘肃漳县元墓中,其中大部分为鹿纹或兔纹,均形体较小,作奔跑回头状,发掘简报中称为天马、麒麟、吉羊等不同名称,事实上相差不多。而同类图案也见于河北鸽子洞出土织物。内蒙古达茂旗大苏吉乡明水古墓中出土的鹿纹织金体形较大,可以看得更清楚,是蹲状的鹿纹,可能与当时的秋山纹样相关。而另一类绿地鹘捕雁纹妆金绢则可以看作春水纹样的延续。

内蒙古集宁路古城遗址出土的印金素罗、印金提花长袍、印金夹衫等和甘肃漳县汪氏家族墓出土的大量印金织物中也有不少属于金搭子之类。其题材有一大类与织金搭子相似,也是鹿兔之类,造型亦极为相似。在私人收藏中,不仅有印金的此类搭子,而且还有印金上再加印朱砂的情况出现,这是在印金图案上勾勒图案的轮廓,以使图案的主题更加醒目。印金搭子的另一大类是花卉之类,有时是小朵花,有时是折枝,变化较多。搭子的外形也有不同情况:一种是按纹样的外形,如鹿、兔等动物纹样较多地采用这种形式;另一种是用方、圆、椭圆等几何纹作为搭子外形,这种形式在元代十分常见,许多方形的搭子均错排成田格形,是搭子图案中最常见的一种,圆搭子则为散点的错排,较少见。

3. 满池娇的沿用

满池娇也是元代十分流行的图案样式，最集中的反映是在内蒙古集宁路古城遗址窖藏里的刺绣夹衫。其图案散点布置，当即元人所谓搭子，共绣图案99组，无论是树下读书、湖上泛舟、林中伐木等人物题材，还是秋兔、蝶恋花、春雁戏水等自然景色，其构图一如绘画，写实而生动，在元代织绣品中，实属罕见。从文献来看，它本是文宗皇帝的御衣图案。柯九思《宫词十五首》中有关于满池娇的描写："观莲太液泛兰桡，翡翠鸳鸯戏碧苔。说与小娃牢记取，御衫绣作满池娇（原注：天历间，御衣多为池塘小景，名曰'满池娇'）。"张昱《宫中词》也有关于满池娇的描写："鸳鸯鸂鶒满池娇，彩绣金茸日几条。早晚君王天寿节，要将着御大明朝。"从两诗的描述分析来看，满池娇显然不止一种，其主题就是池塘小景，而莲池之中，表现何种禽鸟，以至禽鸟的有无并不要紧。不过，作为尤其常见的吉祥喜庆题材，鸳鸯的出现频率毕竟最高。

其实，元代满池娇或"池塘小景"由来已久，"满池娇"名词的初见也不晚于南宋，时人在缕述钱塘繁华时，还记录了临安夜市夏秋售卖的"挑纱荷花满池娇背心儿"。在辽代的刺绣图案里，就有不少荷花或是雁鸭春水的图案，这种图案与北方的春水图案互相呼应，得到了更为广泛的使用，一直传续到元代。

4. 服装款式

《元典章》称，元至元七年（1270年），禁民间织造日、月、龙、凤缎匹，另《黑鞑事略》载："其服右衽而方领，旧以毡毳，新以纻丝金线，色以红紫绀绿，纹以日月龙凤，无贵贱等差。"[①]
这里所谓的日、月、龙、凤指的正是金缎子袍料上的图案。

当时的袍料主要有两种款式，一种是云肩袖襕式，一般来说就是有如意云肩作为领肩部的装饰区，其中装饰龙凤等纹样，日月处在两肩处，通常再在肩到手臂处加上袖襕，在膝的位置加上膝襕。这样的云肩虽然在金代未有所见，但袖襕和膝襕却在黑龙江阿城金代齐国王墓的织金袍上可以看到，也说明了金代和元代服饰之间的一种关系。

元代袍料的另一种形式是胸背图案。元代服饰上的胸背图案已非常流行，目前所知已有几十例，如山东邹城李裕庵墓出土的梅鹊胸背纹绫袍上的胸背图案是一梅五鹊，被称为喜上眉梢。内蒙古正蓝旗出土的元代石雕人像上，其胸背图案也大量采用花卉。事实上，这样的胸背纹样应该也是源自金代。

---

① 黑鞑事略.许金胜，校注.兰州：兰州大学出版社，2014：47.

辽是以契丹族为主建立的政权，金是以女真族为主建立的政权。它们同处于中国东北地区，前者的早期源起地在现内蒙古东部，后者的早期活动区在今黑龙江省，所以空间相近，其中的白山黑水、原始森林、广袤草原等自然风貌总体相近。它们的时间也相连，从 10 世纪一直延续到 13 世纪，长达 3 个多世纪，书写了中国历史特别是中国北方历史中的重要篇章。

内蒙古和黑龙江并非蚕桑之地，契丹人和女真人也不熟悉丝绸生产，但他们对丝绸的喜爱却非一般人所能及。辽金时期，大量丝绸出自汉地：一方面是在辽金占领下的河北、山西、河南等产丝地区生产丝绸，或是被掳掠到辽金核心统治区内的工匠从事丝绸生产，他们的产品都直接在这一区域内进行消费；另一方面是通过宋朝和辽金的贸易，或是通过宋朝的贡献，也有大量汉地生产的丝绸产品到达辽金，这类产品大多是带有明显汉族特色的绫、罗、绢、绝等单层暗花织物。

在辽金特别是统治阶层或贵族阶层的消费中，还有大量工艺技术的应用显示了其特点，当时缂丝、刺绣、印金、手绘等工艺非常发达，运用这些工艺制成的织物应该是在辽金地区的作坊中生产的，这些作坊中可能不仅有来自汉地的工匠，还有许多来自回纥等地的工匠。一是表现在缂丝、缂金、织金等工艺中，成为辽金丝织工艺超越宋朝丝织工艺的一大特点；二是表现在大量手绘和刺绣的应用上，虽然这些技法和工匠很有可能来自汉地，但工匠技艺熟练，手绘和刺绣的主题又紧扣辽金，应该是在辽金作坊中生产的。

因此，辽金时期的丝绸图案也明显地具有承上启下的重要地位。大量花卉、飞鸟、春水秋山等写实性的题材被广泛使用，新的图案造型与布局也开始出现或流行，如写生式的花卉纹样、海石榴花和牡丹花的缠枝纹样、喜相逢式的对雁对鸟纹样、锦地开光和二二错排的规律，各种飞鸟甚至是走兽在花卉丛中穿行，莲塘中的芦雁和野鸭满池娇，还有不少婴戏和杂宝纹样与花卉交集，这些都在中国丝绸艺术史上占据了重要地位。

参考文献
REFERENCES

巴林右旗博物馆.内蒙古巴林右旗友爱辽墓.文物，1996（11）：13，29–34.

北京市文物事业管理局，门头沟区文化办公室发掘小组.北京市斋堂辽壁画墓发掘简报.
　　文物，1980（7）：23–27.

大同市博物馆.大同金代阎德源墓发掘简报.文物，1978（4）：1–10.

德新，张汉君，韩仁信.内蒙古巴林右旗庆州白塔发现辽代佛教文物.文物，1994（12）：
　　4–33.

国家文物局文物保护科学技术研究所，山西省古代建筑保护研究所，山西省雁北地区文
　　物工作站，等.山西应县佛宫寺木塔内发现辽代珍贵文物.文物，1982（6）：1–8.

郝思德，李砚铁，刘晓东.黑龙江省阿城金代齐国王墓出土织金锦的初步研究.北方文物，
　　1997（4）：32–42.

黑鞑事略.许金胜，校注.兰州：兰州大学出版社，2014.

黑龙江省文物考古研究所.黑龙江阿城巨源金代齐国王墓发掘简报.文物，1989（10）：
　　1–10，45，97–102.

洪皓.松漠纪闻 // 纪昀.四库全书（史部）.台北：台湾商务印书馆，1982.

辽宁省博物馆.宋元明清缂丝.北京：人民美术出版社，1982.

刘昫，等.旧唐书.北京：中华书局，1975.

内蒙古自治区文物考古研究所.内蒙古通辽市吐尔基山辽代墓葬.考古，2004（7）：50–53.

内蒙古自治区文物考古研究所，赤峰博物馆，阿鲁科尔沁旗文物管理所.辽耶律羽之墓发掘简报.文物，1996（1）：4–31.

欧阳修，宋祁.新唐书.北京：中华书局，1975.

前热河省博物馆筹备组.赤峰县大营子辽墓发掘报告.考古学报，1956（3）：1–26.

潜说友.咸淳临安志.杭州：浙江古籍出版社，2012.

通制条格.黄时鉴，点校.杭州：浙江古籍出版社，1986.

脱脱，等.辽史.北京：中华书局，1974.

脱脱，等.金史.北京：中华书局，1975.

脱脱，等.宋史.北京：中华书局，1977.

王谠.唐语林.上海：上海古籍出版社，1978.

王溥.唐会要.北京：中华书局，1955.

魏松卿.考阿拉尔木乃伊墓出土的织绣品.故宫博物院院刊，1960（2）：153–164.

乌兰察布盟文物工作站.察右前旗豪欠营第六号辽墓清理简报.乌兰察布文物，1982（2）：1–8.

项春松.上烧锅辽墓群.内蒙古文物考古，1982（2）：56–64.

项春松.克什克腾旗二八地一、二号辽墓.内蒙古文物考古，1984（3）：80–90.

薛雁.内蒙古哲里木盟小努日木辽墓出土丝织品鉴定报告.杭州：中国丝绸博物馆鉴定报告第Ⅳ号，1993.

薛雁.内蒙古巴林左旗三辽墓出土丝织品鉴定报告.杭州：中国丝绸博物馆鉴定报告第Ⅴ号，1994.

薛雁.巴林右旗都希苏木友爱辽代壁画墓出土丝织品鉴定报告.杭州：中国丝绸博物馆鉴定报告第Ⅵ号，1994.

叶隆礼.契丹国志.贾敬颜,林荣贵,点校.上海:上海古籍出版社,1985.

赵丰.丝绸艺术史.杭州:杭州美术学院出版社,1992.

赵丰.辽耶律羽之墓出土丝织品鉴定报告.杭州:中国丝绸博物馆鉴定报告第Ⅺ号,1996.

赵丰.内蒙古宝山辽初壁画墓出土丝绸鉴定报告.杭州:中国丝绸博物馆鉴定报告第Ⅻ号,1997.

赵丰.辽庆州白塔所出丝绸的织染绣技艺.文物,2000(4):70-81.

赵丰.辽代丝绸.香港:沐文堂美术出版社有限公司,2004.

赵丰.中国丝绸通史.苏州:苏州大学出版社,2005.

赵丰,王乐,王明芳.论青海阿拉尔出土的两件锦袍.文物,2008(8):66-73.

赵丰,薛雁.辽驸马赠卫国王墓出土丝织品鉴定报告.杭州:中国丝绸博物馆鉴定报告第Ⅲ号,1992.

赵丰,张敬华.辽庆州白塔发现丝绸文物鉴定报告.杭州:中国丝绸博物馆鉴定报告第Ⅱ号,1992.

赵评春,迟本毅.金代服饰——金齐国王墓出土服饰研究.北京:文物出版社,1998.

赵评春,赵鲜姬.金代丝织艺术——古代金锦与丝织专题考释.北京:科学出版社,2001.

庄绰.鸡肋编.北京:中华书局,1983.

图序	图片名称	收藏地	来源
1	胡瑰《出猎图》（局部）	台北故宫博物院	《辽代丝绸》
2	壁画《颂经图》（局部）	内蒙古阿鲁科尔沁旗宝山辽墓	《辽代丝绸》
3	山龙纹缂金（局部）	辽宁省博物馆	《辽代丝绸》
4	山西应县佛宫寺木塔		《辽代丝绸》
5	"南无释迦牟尼佛"夹缬绢	山西应县佛宫寺木塔	《辽代丝绸》
6	契丹女尸		《辽代丝绸》
7	内蒙古阿鲁科尔沁旗辽耶律羽之墓墓门		《辽代丝绸》
8	第七层对凤纹丝绸服饰	内蒙古博物院	《辽代丝绸》
9	鹤氅（局部）	大同市博物馆	本书作者拍摄
10	忍冬云纹夔龙金锦（局部）	黑龙江省博物馆	《辽代丝绸》
11	标准斜纹纬锦组织		《辽代丝绸》
12	辽式斜纹纬锦组织		《辽代丝绸》
13	辽式浮纹斜纹纬锦组织		《辽代丝绸》
14	辽式妆金斜纹纬锦组织		《辽代丝绸》

续表

图序	图片名称	收藏地	来源
15	辽式菱形斜纹纬锦组织		《辽代丝绸》
16	胡旋舞人纹锦（局部）	阿鲁科尔沁旗博物馆	《辽代丝绸》
17	缎纹纬锦组织		《中国丝绸通史》
18	纬浮缎纹纬锦组织		《中国丝绸通史》
19	奔鹿方胜花卉纹纬浮锦（局部）	私人收藏	《辽代丝绸》
20	妆花缎纹纬锦组织		《辽代丝绸》
21	簟纹双层锦组织		《中国丝绸通史》
22	平纹地上 1/3 斜纹显花的绮组织		本书作者拍摄
23	蝴蝶小花纹绮组织		本书作者拍摄
24	黄色菱格地四瓣菱芯小花纹绮复原		《辽代丝绸》
25	同单位同向绫组织		《辽代丝绸》
26	1/3 和 3/1 互为花地的同单位异向绫组织		《辽代丝绸》
27	2/1Z 斜纹地上 1/5Z 斜纹花绫组织		《辽代丝绸》
28	3/1Z 斜纹地上 1/7S 斜纹花绫组织		《辽代丝绸》
29	平纹地上的并丝织法		《辽代丝绸》
30	斜纹地上的并丝织法		《辽代丝绸》
31	3/1S 斜纹地插纬浮花绫组织		《辽代丝绸》
32	2/1S 斜纹地插纬浮花绫组织		《辽代丝绸》
33	褐地彩织香囊	巴林右旗博物馆	《辽代丝绸》
34	3/1S 斜纹地上插纬浮花以 1/5S 斜纹固结		《辽代丝绸》
35	5/1Z 妆花斜纹地上插纬浮花以 1/5Z 斜纹固结		《辽代丝绸》

图序	图片名称	收藏地	来源
36	花树对狮鸟纹绫袍（局部）	中国丝绸博物馆	《辽代丝绸》
37	5/1Z 和 1/5S 斜纹作地，彩纬妆花，以 1/5S 斜纹固结		《辽代丝绸》
38	酱色地云鹤纹织金绢绵袍	黑龙江省博物馆	《金代服饰》
39	深驼色鸳鸯纹织金绸帷幔（局部）	黑龙江省博物馆	《金代服饰》
40	棕色团龙卷草纹织金绢棺罩	黑龙江省博物馆	《金代服饰》
41	辽代缂丝组织		《辽代丝绸》
42	缂金云龙纹靴（局部）	法国吉美博物馆	《辽代丝绸》
43	缂丝凤纹靴	美国克利夫兰艺术博物馆	《辽代丝绸》
44	缂丝中的片金		《辽代丝绸》
45	四经绞通绞罗组织		《辽代丝绸》
46	通绞横罗组织		《辽代丝绸》
47	红色菱格纹罗带	法国吉美博物馆	《辽代丝绸》
48	萱草纹夹缬罗	巴林右旗博物馆	《辽代丝绸》
49	辽式简单纱罗组织		《辽代丝绸》
50	普通简单纱罗组织		《辽代丝绸》
51	《梓人遗制》所载织纱用的综片和织机		《辽代丝绸》
52	《耕织图》中的提花罗机		《辽代丝绸》
53	棕色地云雁纹夹缬绢	巴林右旗博物馆	《辽代丝绸》
54	伞盖纹夹缬罗（局部）	法国吉美博物馆	《辽代丝绸》
55	"南无释迦牟尼佛"夹缬版		《辽代丝绸》
56	浙南地区的夹缬版和夹缬产品		《辽代丝绸》

续表

图序	图片名称	收藏地	来源
57	画绘细部组织		《辽代丝绸》
58	绮地泥金"龙凤万岁龟鹿"	阿鲁科尔沁旗博物馆	《辽代丝绸》
59	按织造纹样描红		《辽代丝绸》
60	贴金蝴蝶纹纱罗	法门寺博物馆	《辽代丝绸》
61	贴金上的墨描		《辽代丝绸》
62	罗地压金彩绣山树双鹿	中国丝绸博物馆	《中国丝绸通史》
63	钉金绣针法		《辽代丝绸》
64	紫罗地蹙金绣团窠卷草对雁	中国丝绸博物馆	《辽代丝绸》
65	蹙金绣组织		《辽代丝绸》
66	钉金银绣龙纹碧罗片	辽宁省博物馆	《辽代丝绸》
67	橙色罗地刺绣联珠云龙	巴林右旗博物馆	《辽代丝绸》
68	刺绣联珠梅竹蜂蝶	巴林右旗博物馆	《中国丝绸通史》
69	红罗地联珠鹰猎纹绣	巴林右旗博物馆	《中国丝绸通史》
70	罗地压金彩绣团窠飞鹰啄鹿（局部）	中国丝绸博物馆	《辽代丝绸》
71	刺绣花卉对鸳鸯（局部）	阿鲁科尔沁旗博物馆	《辽代丝绸》
72	琐绣针法		《辽代丝绸》
73	3-22 劈针针法		《辽代丝绸》
74	接针针法		《辽代丝绸》
75	贴绣针法		《辽代丝绸》
76	边针针法		《辽代丝绸》
77	飞凤盘龙纹绫纹样复原		《辽代丝绸》
78a	凤纹刺绣纹样复原		《辽代丝绸》

图序	图片名称	收藏地	来源
78b	对凤纹锦纹样复原		《辽代丝绸》
79	飞马纹刺绣	私人收藏	《辽代丝绸》
80a	摩羯纹刺绣纹样复原		《辽代丝绸》
80b	摩羯纹刺绣纹样复原		《辽代丝绸》
80c	摩羯花卉纹锦纹样复原		《辽代丝绸》
81	罗地刺绣虎纹	私人收藏	《辽代丝绸》
82	墨描翟鸟纹绢	阿鲁科尔沁旗博物馆	《辽代丝绸》
83	绮地翟鸟纹刺绣（局部）	美国克利夫兰艺术博物馆	《辽代丝绸》
84	云鹤仙人纹绫纹样复原		《辽代丝绸》
85	仙人纹锦（局部）	美国克利夫兰艺术博物馆	《辽代丝绸》
86	刺绣仙人跨鹤	中国丝绸博物馆	《辽代丝绸》
87	华盖人物纹花绫（局部）	中国丝绸博物馆	《辽代丝绸》
88	泥金填彩团窠蔓草仕女纹绫（局部）	中国丝绸博物馆	《辽代丝绸》
89	遍地花卉龟莲童子雁雀浮纹锦（局部）	中国丝绸博物馆	《辽代丝绸》
90	飞雁奔童花卉纹锦荷包	美国大都会艺术博物馆	《辽代丝绸》
91	夹缬彩绘童子石榴纹罗带	美国大都会艺术博物馆	《辽代丝绸》
92	云山瑞鹿衔绶纹绫袍纹样复原		《辽代丝绸》
93	绫锦缘刺绣皮囊	中国丝绸博物馆	《辽代丝绸》
94	花绕双鹰纹织物	私人收藏	《辽代丝绸》
95	独窠牡丹对孔雀纹绫纹样复原		《辽代丝绸》
96	刺绣联珠莲花双鱼	香港贺祈思收藏基金会	《辽代丝绸》
97	簇六宝花纹花绫纹样复原		《辽代丝绸》

续表

图序	图片名称	收藏地	来源
98	葵花对鸟雀蝶纹妆花绫袍纹样复原		《辽代丝绸》
99	松树和仙鹤纹罗地刺绣	中国丝绸博物馆	《辽代丝绸》
100	刺绣云纹罗鞋	私人收藏	《辽代丝绸》
101	缂金水波地荷花摩羯纹绵帽	内蒙古博物院	《辽代丝绸》
102	盘绦纹绫（局部）	内蒙古博物院	《辽代丝绸》
103	仿阿拉伯文字织金纹袖襕（局部）	黑龙江省博物馆	《中国丝绸通史》
104a	方格纹地四鸟衔花纹锦纹样复原		《辽代丝绸》
104b	雪花球路四鹤纹锦纹样复原		《辽代丝绸》
104c	簇四球路纹绣纹样复原		《辽代丝绸》
104d	琐甲地雁纹锦纹样复原		《辽代丝绸》
105	大雁纹绫袍纹样复原		《辽代丝绸》
106	雁衔绶带纹锦袍纹样复原		《辽代丝绸》
107	紫地蹙金绣盘凤纹罗袍	私人收藏	《辽代丝绸》
108	黄地蹙金绣团龙纹罗袍	私人收藏	《辽代丝绸》
109a	旋转飞凤纹绫纹样复原		《辽代丝绸》
109b	小团花卉纹刺绣纹样复原		《辽代丝绸》
109c	红色印花绢纹样复原		《辽代丝绸》
110	不同形式的二二正排		《辽代丝绸》
111	不同形式的二二错排		《辽代丝绸》
112	婴戏牡丹方胜兔纹绫（局部）	内蒙古博物院	《辽代丝绸》
113	球路孔雀四鸟纹绫（局部）	中国丝绸博物馆	《辽代丝绸》
114	簇四球路奔鹿飞鹰宝花纹绫（局部）	中国丝绸博物馆	《辽代丝绸》
115	小团鹦鹉纹织锦（图案拼合）	黑龙江省博物馆	《中国丝绸通史》

续表

图序	图片名称	收藏地	来源
116	吊敦	黑龙江省博物馆	《辽代丝绸》
117	罗帽	不详	《辽代丝绸》

注：

1. 正文中的文物图片，图片注释一般包含文物名称，并说明文物所属时期和文物出土地／发现地信息；文物复原图片对应的文物所属时期和文物出土地／发现地信息较为复杂，因此不列出这些信息。部分图片注释可能含有更为详细的说明文字。
2. "图片来源"表中的"图序"和"图片名称"与正文中的图序和图片名称对应，不包含正文图片注释中的说明文字。
3. "图片来源"表中的"收藏地"为正文中的文物对应的收藏地；文物复原图片对应的文物收藏地信息较为复杂，因此不列出文物收藏地信息。
4. "图片来源"表中的"来源"指图片的出处，如出自图书或文章，则只写其标题，具体信息见"参考文献"；如出自机构，则写出机构名称。
5. 本作品中文物图片版权归各收藏机构／个人所有；复原图根据文物图绘制而成，如无特殊说明，则版权归绘图者所有。

后记
POSTSCRIPT

对辽代丝绸进行系统研究的想法始于 1997 年年底我去美国大都会艺术博物馆从事客座研究时，当时的研究题目是"10—13世纪中国北方丝织品的研究"，其实后来做的只是辽代丝绸的研究。这个研究一直到 2000 年后在香港中文大学举行辽代文物展"松漠风华：契丹艺术与文化"，再于 2004 年在香港沐文堂美术出版社有限公司出版了《辽代丝绸》一书时，才算是有一个阶段性的成果。

由于大部分辽代丝绸文物出自内蒙古自治区，金代丝绸基本上仅见于黑龙江省和山西省，因此，本人的研究离不开这些地区的博物馆和考古机构的大力支持。在自 20 世纪 90 年代至今的 30余年时间中，我 10 余次踏访这些地方的博物馆和考古机构，遍览其所藏辽金织物。在此，我特别感谢这些地区的官方机构和个人（时隔 30 余年，其中定有不少变化，无法一一核对，所以只列出提供帮助的个人的名字及其当时所属单位，不列职位），他们不仅提供各种研究便利，还允诺我们发表其珍贵的资料：

内蒙古自治区文化厅及文物处：苏俊、王大方；

内蒙古博物院：邵清隆、夏荷秀、黄雪寅、其木格、葛丽敏；

内蒙古自治区文物考古研究所：刘来学、塔拉、魏坚、齐晓光、孙建华等，其中齐晓光主持发掘了多座出土丝绸的辽墓，特别是内蒙古阿鲁科尔沁旗辽耶律羽之墓，帮助尤大；

呼和浩特市文管会：德新、张汉君；

赤峰博物馆：项春松、鲍林峰；

巴林右旗博物馆：韩仁信、计连成、青格勒、苗润华；

辽上京博物馆：金永田、王末想；

阿鲁科尔沁旗博物馆：丛艳双；

哲里木盟博物馆：席慕德；

辽宁省博物馆：徐秉琨、刘宁、朴文英；

黑龙江省博物馆：赵评春、王军；

大同市博物馆：王利民。

近年来，国内外收藏的辽代丝绸文物的数量也日益增多。我在 1997 年访问欧美之际，得以在多家博物馆和私人收藏中考察辽代织物。而在国内的收藏机构中，特别值得一提的是，香港梦蝶轩朱伟强、卢茵茵伉俪向中国丝绸博物馆捐赠了 70 余件辽代丝绸文物，让我有更多的机会研究这些藏品。对于这些国内外收藏机构和个人，我一起致谢如下：

美国大都会艺术博物馆：屈志仁、梶谷信子、乔伊斯·丹尼；

美国克利夫兰艺术博物馆：安妮·沃德威尔、克里斯汀·斯塔克曼；

法国亚洲纺织资料研究中心：克利希纳·里布；

香港中文大学：林业强；

香港梦蝶轩：朱伟强、卢茵茵；

英国友人：安娜·玛丽亚·罗西、法比奥·罗西、杰奎林·西姆科克斯、迈克尔·弗朗西斯、阿伦·肯尼迪。

这里也要感谢我在中国丝绸博物馆、东华大学和浙江理工大学的同事和学生在此书的写作和整理过程中给予的帮助：

中国丝绸博物馆：杜晓帆、薛雁、汪自强、徐铮、张国伟、周旸、王淑娟。

东华大学：王乐、王浩威。

浙江理工大学：苏淼、蔡欣。

最后，我要感谢浙江大学出版社为此书出版付出的辛勤劳动，特别是张琛、黄静芬、包灵灵，以及浙江大学出版社前任社长鲁东明。

赵　丰

2021 年 4 月 30 日

于中国丝绸博物馆

图书在版编目（CIP）数据

中国历代丝绸艺术. 辽金 / 赵丰总主编；赵丰著. —
杭州：浙江大学出版社，2021.6（2023.5重印）
ISBN 978-7-308-21370-7

Ⅰ. ①中… Ⅱ. ①赵… Ⅲ. ①丝绸－文化史－中国－
辽金时代 Ⅳ. ①TS14-092

中国版本图书馆CIP数据核字(2021)第093050号

中国历代丝绸艺术 · 辽金

赵　丰　总主编　赵　丰　著

丛书策划	张　琛
丛书主持	包灵灵
责任编辑	黄静芬
责任校对	董　唯
封面设计	程　晨
出版发行	浙江大学出版社
	（杭州市天目山路148号　邮政编码　310007）
	（网址：http://www.zjupress.com）
排　　版	杭州林智广告有限公司
印　　刷	杭州宏雅印刷有限公司
开　　本	889mm×1194mm　1/24
印　　张	9.25
字　　数	153千
版 印 次	2021年6月第1版　2023年5月第3次印刷
书　　号	ISBN 978-7-308-21370-7
定　　价	88.00元